Zahid Khokhar

Pá as raízes da interface difusa

Zahid Khokhar

Pá as raízes da interface difusa

Colocar módulo: intuir a palavra nachster

ScienciaScripts

Imprint

Cover image: www.ingimage.com

This book is a translation from the original published under ISBN 978-3-659-86666-1.

Publisher:
Sciencia Scripts
is a trademark of
Dodo Books Indian Ocean Ltd. and OmniScriptum S.R.L publishing group

120 High Road, East Finchley, London, N2 9ED, United Kingdom
Str. Armeneasca 28/1, office 1, Chisinau MD-2012, Republic of Moldova, Europe
Managing Directors: Ieva Konstantinova, Victoria Ursu
info@omniscriptum.com

Printed at: see last page
ISBN: 978-620-8-56195-6

ÍNDICE

PREFÁCIO

Os sistemas subdesenvolvido, em desenvolvimento e desenvolvido funcionam em conformidade. O desenho de ângulos com papel, lápis e escala é uma situação subdesenvolvida. O desenho de ângulos com papel, lápis, escala e compasso está em desenvolvimento, enquanto o desenho de ângulos com papel, lápis, escala, compasso e transferidor D é uma fase desenvolvida. O mesmo se passa com a conceção de uma fábrica ou de uma unidade de produção. O pessoal experiente e instruído aumenta, obviamente, a possibilidade de conceber uma fábrica com custos mais baixos e um rendimento elevado de um produto da melhor qualidade. O tempo consumido será maior para desenvolver e subdesenvolver a aprendizagem e trabalhar com pessoal inexperiente e incompetente.

Neste caso, a informação armazenada que foi aprendida é traduzida em regras "se-então". O sistema de interface difusa é concebido, fabricado e construído a partir dos dados de entrada temperatura, tempo de reação e pH com a conversão da reação de saída. O modelo de interface difusa é lançado e são introduzidas diferentes expressões. A rotação é efectuada por entrada, entrada de referência e peso da regra. São acrescentadas alterações e modificações. Considera-se um conjunto de valores de entrada e desenham-se expressões para outras entradas e saídas. Os efeitos aditivos, os efeitos de agitação e os efeitos de entrada do fluxo de gás são também expressos. Os contornos são desenhados. A referência de entrada é variada. Os efeitos são observados na saída juntamente com outras entradas. São utilizados os tipos de interface Mamdani e Sugeno. A defuzzificação é variada. A correspondência entre situações pode ser efectuada através do conhecimento das informações colocadas e da introdução das condições no mapa. A entrada de referência giratória é uma parte como um terso. É utilizada como uma técnica: a técnica de rotação. As regras são as mesmas.

Os diagramas compostos são apresentados para abrir os pontos ocultos e não vistos. Podem ser ajustadas novas concepções de valores de entrada para resultados específicos. O trabalho experimental é efectuado.

Em suma, o trabalho é uma produção de carbonato de cálcio. O dióxido de carbono é um dos reagentes que reage com o hidróxido de cálcio. A partir do modelo de interface difusa do tempo de reação para a conversão da reação ao longo do pH, a temperatura é adicionada como uma entrada. A agitação é adicionada como entrada. A formação de espuma e o nível de conteúdo no reator são adicionados como outputs juntamente com os inputs aditivo, fluxo de gás, tipo de reator. A análise é efectuada nas raízes do modelo de interface difusa e são apresentados vários casos. O aspeto pormenorizado da agitação, da formação de espuma e do nível com outras entradas, juntamente com os sistemas de interface fuzzy do tipo mamdani e sugeno, pode ser proposto para criar cenas diferentes para explorar situações reais. As funções de afiliação e os métodos de defuzzificação são também uma tela para espalhar. A rotação de uma entrada, o peso da regra, é também uma parte.

Zahid Khokhar, Faisalabad, Paquistão

CAPÍTULO 1

INTRODUÇÃO

Há muitos níveis de trabalhos que são seguidos e praticados antes de se passar a uma produção em grande escala. Cada um deles deve ser tratado em conformidade. Um constrangimento a nível do ambiente de trabalho pode não ser visível na secretária, mas pode tornar-se visível na mesa do laboratório. Os pressupostos podem ser utilizados para ignorar esse facto, mas no caso de uma fábrica piloto, o constrangimento pode aparecer em tal quantidade que deve ser considerado durante o projeto. Por isso, ao nível da produção, é necessário prestar muita atenção a estes constrangimentos. Durante a modelação, são considerados muitos pressupostos e, por vezes, estes já estão a ser considerados pela técnica de modelação utilizada, que depois deve ser traduzida para a situação real de conceção de forma a que a quantidade e a qualidade não sejam comprometidas.

Diferentes níveis de experimentação revelam essas situações ocultas e já assumidas, pelo que a produção efectiva de uma substância deve ser realizada com cuidado. A prática e a experiência aumentam a possibilidade de um melhor rendimento. A fuga de uma gota ou de um vapor durante a experimentação laboratorial ignorada pode desempenhar um papel crucial quando o processo é efectuado a uma escala maior na instalação de produção. As instalações de produção já estabelecidas podem ser estudadas para explorar essas questões relacionadas com a conceção, para as redesenhar ou modificar ou para conceber uma nova instalação de processamento da produção que tenha alguns equipamentos semelhantes, fenómenos de transporte semelhantes ou um tipo de operações semelhante, etc. As caraterísticas do produto a produzir também orientam a forma de conceber um processo para analisar as instalações de produção já estabelecidas com caraterísticas de produto semelhantes.

As investigações continuam a incitar à promoção de processos de produção. Substâncias naturalmente disponíveis são também testadas para serem formadas em fábricas, de modo a ter um produto purificado e urgente disponível facilmente para reduzir o custo de muitas operações envolvidas na extração da substância natural. Os desenhos retoricamente corretos são fáceis de estabelecer em vez de um desenho complexo com pormenores adicionais. Os pormenores são necessários e, hoje em dia, é necessário ter uma grande variedade de departamentos a trabalhar num único projeto de produção. Desde o ambiente de trabalho até à colocação da ideia na terra, se cada segmento de cada parte for abordado por um familiar, interessado e experiente desse segmento ou departamento, então a velocidade de trabalho, bem como a qualidade do "que está a ser feito", será elevada. A falta de pormenores de qualquer segmento intermédio ou a subestimação dos pormenores apresentados pode resultar em atrasos, baixa qualidade, consumo de tempo e custos elevados. As direcções para a realização do trabalho são também uma grande parte do trabalho. Aprender antes de dirigir qualquer coisa é sempre necessário e a prática de aprender direcções durante o trabalho pode atrasar o trabalho. Aprender as direcções durante o trabalho pode atrasar o trabalho.

As previsões desviam-se durante a elaboração dos resultados. O procedimento para efetuar o trabalho aumenta ou suprime a possibilidade de erros. As expressões são um guia para a realização de outras tarefas.

DIÓXIDO DE CARBONO

O dióxido de carbono CO2 é um gás incolor e inodoro, vital para a vida. É um composto químico que ocorre naturalmente. Existem fontes naturais e humanas de emissões de dióxido de carbono. O dióxido de carbono existe na atmosfera da Terra como um gás vestigial. As fontes naturais são a decomposição, a libertação nos oceanos e a respiração. As fontes humanas são as actividades de produção de cimento, a desflorestação, a queima de combustível, carvão, petróleo e gás natural.

CARBONATO DE CÁLCIO

O carbonato de cálcio é um material disponível sob a forma de giz e calcário. O solo torna-se ácido de várias formas. O carbonato de cálcio é o ingrediente ativo da cal agrícola. A qualidade do calcário agrícola é determinada pela sua composição química. É um aditivo para o solo feito de calcário ou giz pulverizado. O carbonato de cálcio é um componente ativo do calcário agrícola.

O calcário, cal ou calagem, é um aditivo para o solo feito de calcário ou giz pulverizado. O principal componente ativo é o carbonato de cálcio. Os produtos químicos adicionais variam consoante a fonte mineral e podem incluir óxido de cálcio, óxido de magnésio e carbonato de magnésio.

A cal é injectada nos queimadores de carvão das centrais eléctricas para reduzir as emissões de poluentes como o dióxido de azoto e o dióxido de enxofre.

Os solos tornam-se ácidos de várias formas. Os locais com elevados níveis de precipitação tornam-se ácidos. As terras utilizadas para fins agrícolas e pecuários perdem minerais ao longo do tempo devido à remoção das culturas e tornam-se ácidas. A qualidade do calcário agrícola é determinada pela composição química do calcário e pela finura com que a pedra é moída. Os serviços de extensão agrícola utilizam dois sistemas de classificação. O Equivalente de Carbonato de Cálcio e o Equivalente Eficaz de Carbonato de Cálcio dão um valor numérico à eficácia dos diferentes materiais de calagem.

O carbonato de cálcio é preparado através da transformação do hidróxido de cálcio, que é obtido através da mistura de óxido de cálcio em água. Adiciona-se água para obter uma solução de hidróxido de cálcio e dissolve-se dióxido de carbono através dessa solução para precipitar o carbonato de cálcio.

O carbonato de cálcio é um material sólido; também é produzido através da reação entre o carbonato de sódio e o hidróxido de cálcio.

É adicionado aos fluidos de perfuração como um material de ponderação na indústria petrolífera para aumentar a densidade dos fluidos de perfuração.

LÓGICA DIFUSA

A lógica difusa tem sido aplicada em muitos domínios. A lógica difusa é utilizada para colocar observações difusas ou imprecisas nas entradas e para obter valores exactos de saída. A lógica difusa foi alargada para lidar com a verdade parcial, em que o valor de verdade se situa entre o completamente certo e o completamente errado.

A lógica difusa é um paradigma eficaz para lidar com a imprecisão. Pode ser utilizada para obter observações difusas ou imprecisas para as entradas e, no entanto, chegar a valores nítidos e precisos para as saídas. O Sistema de Inferência Fuzzy é uma forma consensual de construir sistemas sem utilizar equações analíticas complexas.

Este trabalho baseia-se na modelação de uma interface difusa da reação entre o dióxido de carbono e o hidróxido de cálcio para a produção de carbonato de cálcio.

PRODUÇÃO DE CARBONATO DE CÁLCIO

A produção realizada de carbonato de cálcio é fuzzificada para conversão de reação, temperatura de reação e reagentes. As experiências são realizadas para x gramas de solução de hidróxido de cálcio em y litros de água desionizada com fornecimento contínuo de dióxido de carbono num pequeno reator de topo aberto para diferentes temperaturas de cada vez. A reação prossegue ao longo do tempo. A montagem experimental é cuidadosamente observada. O fornecimento contínuo de gás de dióxido de carbono é mantido. O reator é de pequena escala e aberto à atmosfera. O lote de solução é vertido no reator. A entrada de gás é pequena em comparação com a largura do reator. Situa-se na profundidade do reator. As amostras produzidas são em branco, isto é, sem adição de aditivos ou tensioactivos, etc.

O reator também é coberto e as conversões de reacções anteriores são observadas através da queda do pH. Pode ser adicionado como entrada. A tampa superior é deslocada e retirada.

Fornecimento de calor ao reator a uma taxa conhecida, controlando e mantendo a temperatura constante.

A agitação é efectuada continuamente durante as experiências para homogeneizar os reagentes.

ESPUMA

É produzida espuma que flui em direção à abertura superior devido ao fluxo de gás do fundo na solução reagente de hidróxido de cálcio. O produto carbonato de cálcio deposita-se na água que se forma durante a reação. Regista-se a conversão da reação. O tempo é registado em intervalos. A temperatura é controlada com observação contínua para controlar o aquecimento. As experiências são efectuadas a diferentes temperaturas, cada uma de cada vez, três vezes. Os dados da reação são registados. O produto é recolhido, filtrado para secar e colocado para ensaio. É apresentado um diagrama de fluxo do processo; na figura 1, é utilizada uma fonte de dióxido de carbono para reagir com uma solução de hidróxido de cálcio preparada em água desionizada para produzir carbonato de cálcio.

O ar está em cima do reagente e também à volta do reator, ou seja, no topo e na cintura do reator. A reação é realizada primeiro à temperatura atmosférica e depois o aquecimento é fornecido pela fonte de aquecimento: aquecimento do fundo do reator. Os dados registados são aprendidos e fuzzificados neste trabalho. A situação pode ser mapeada na variação anual de temperatura de um local, como mostra a figura. A energia solar pode ser utilizada.

A temperatura, o tempo de reação, o pH, o caudal de gás, o reator aberto e coberto podem ser entradas com a conversão da reação, a formação de espuma por produto e a subida do nível superior dos produtos no reator podem ser saídas. Muitos outros factores podem ser adicionados ao sistema de interface fuzzy com uma pá de informações. A mudança de localização também pode ser adicionada.

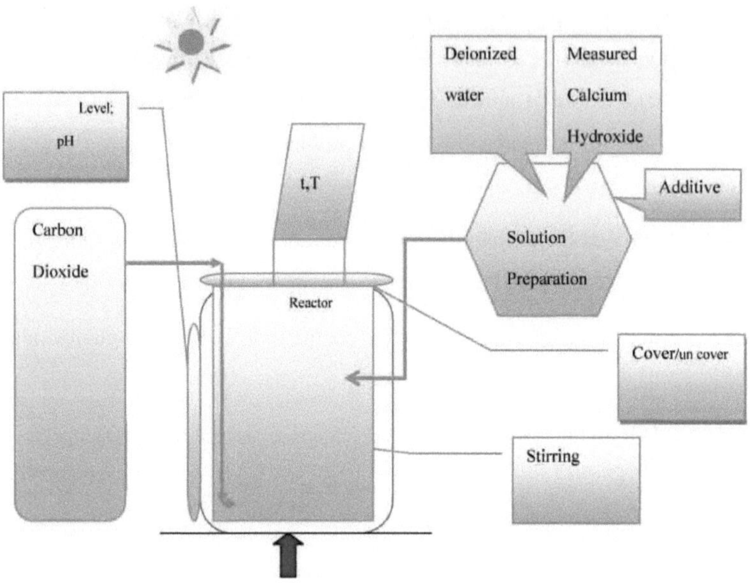

FIGURA 1: DIAGRAMA DE FLUXO

O fornecimento de dióxido de carbono é mantido. Durante as experiências, a conversão da reação é registada em intervalos contínuos. As regras são adicionadas ao sistema de interface fuzzy a um caudal constante de dióxido de carbono que flui através de x gramas de solução de hidróxido de cálcio em y litros de água desionizada.

A produção de espuma e a produção de água são consideradas constantes, sem afetar a produção global. Estes têm uma oferta de resistência ao fluxo de gás. Os contornos de densidade de um jato de gás no conteúdo de um reator são apresentados nas duas figuras seguintes.

A primeira figura mostra o jato, a sua entrada e o seu conteúdo. O ponto de medição da temperatura e o medidor de pH foram colocados em locais adequados. A segunda figura mostra o fluxo do jato para o conteúdo do reator.

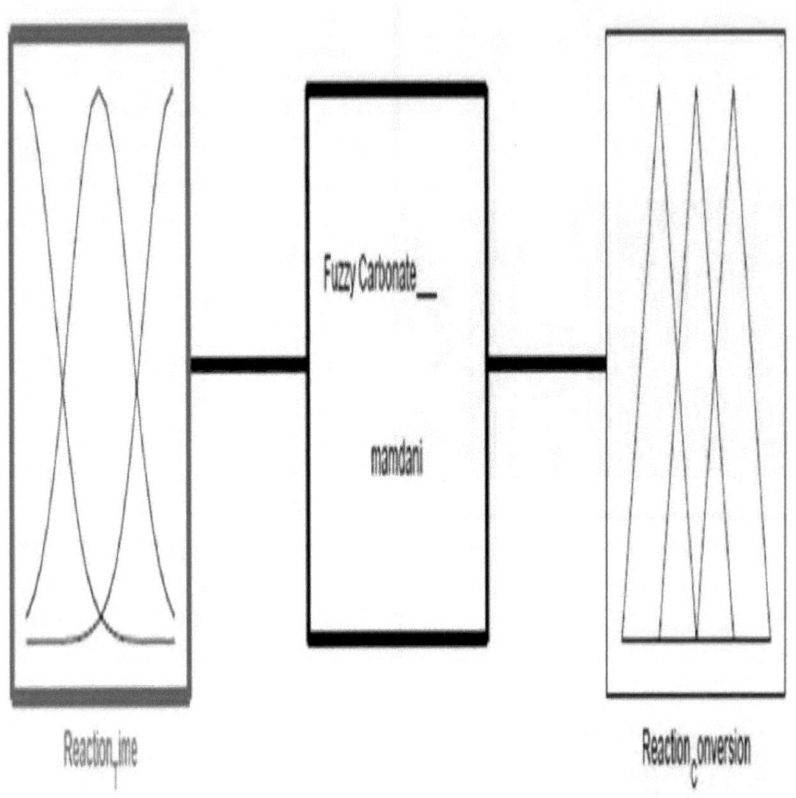

FIGURA 2: SISTEMA INICIAL DE INTERFACE FUZZY

CAPÍTULO 2

INTERFACE DIFUSA

Durante as experiências, o reator foi tapado, o que, no caso de uma concentração elevada de aditivo tensioativo, é deslocado pela formação de bolhas de espuma. As experiências são repetidas com tampa e sem tampa na parte superior do reator. O reator é também graduado para verificar o nível do conteúdo.

As observações são compiladas em regras "se-então" com peso total. À temperatura atmosférica, as regras são adicionadas como mencionado acima, com base em observações traduzidas a partir de dados experimentais anotados. As variáveis são o tempo de reação, o pH e a conversão da reação.

A formação de espuma, a subida de pressão e outros factores são considerados como concedidos, em primeiro lugar. Os intervalos são definidos para cada entrada de tempo de reação e aditivo, enquanto a temperatura é constante e é a temperatura atmosférica de 25 Celsius, atmosferas, e para a conversão da reação de saída. O fluxo de uma interface difusa está representado na Figura 3.

Os dados armazenados e narrados nos documentos são aprendidos. As informações recolhidas durante as experiências são organizadas para aprendizagem. As informações aprendidas são preparadas para as regras "se-então" do modelo difuso. O modelo fuzzy é estabelecido escolhendo o sistema de interface fuzzy: mamdani ou sugeno, cada um de cada vez. As entradas e saídas são adicionadas. Os intervalos são definidos. Os intervalos por defeito são [0 1]. Definição dos intervalos correspondentes. Os intervalos de visualização são organizados. O número de funções de associação é selecionado por defeito para cada entrada e saída, definindo o tipo de função de associação para cada uma. As regras são adicionadas e estabelecem o modelo de interface fuzzy. A defuzzificação é selecionada. O ecrã é utilizado para ver as expressões da relação de superfície pronta das entradas e saídas. Uma grelha inadequada pode atrasar o processo de visualização ou pode revelar muitos pontos. Os resultados são ordenados e, através da recolha e comparação dos resultados, são feitas análises para situações selecionadas.

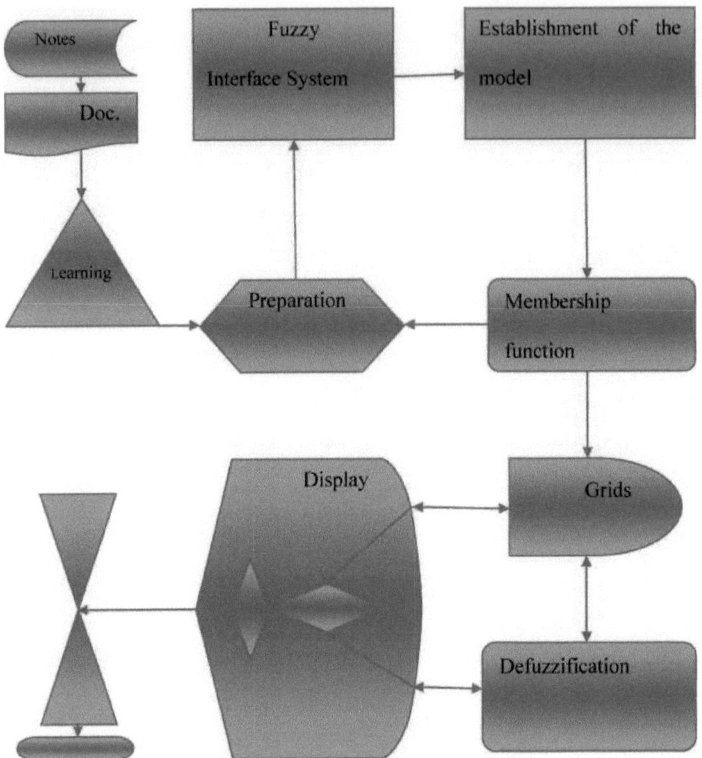

FIGURA 3: MODELAÇÃO DA INTERFACE FUZZY

A temperatura é atmosférica e não é de aquecimento ou de alta temperatura e é mantida constante. Com uma quantidade inferior de aditivo, a conversão da reação aumenta, com uma quantidade superior de aditivo a conversão da reação é mais precoce. O tipo de sistema de interface difusa é do tipo mamdani. O tipo de função de filiação triangular é selecionado para cada membro das variáveis: entrada e saída. Cada variável é representada por três funções de afiliação.

À entrada aditiva são também atribuídas três funções de membro do tipo função de membro triangular. É aplicada a estratégia de defuzzificação do centroide. Trata-se de fornecer um conjunto difuso como entrada para obter um número como saída.

Os pontos dos gráficos são variados e a verificação do teste do número de pontos do gráfico foi efectuada para duas variáveis do sistema de interface fuzzy: x e conversão da reação. Os gráficos de superfície prontos são apresentados na secção seguinte. O número testado de x e y do gráfico também é aplicado para desenhar o gráfico entre a conversão da reação e a variável aditiva. Este número testado, bem como outro número de grelha, é aplicado aos resultados do gráfico de superfície com várias possibilidades.

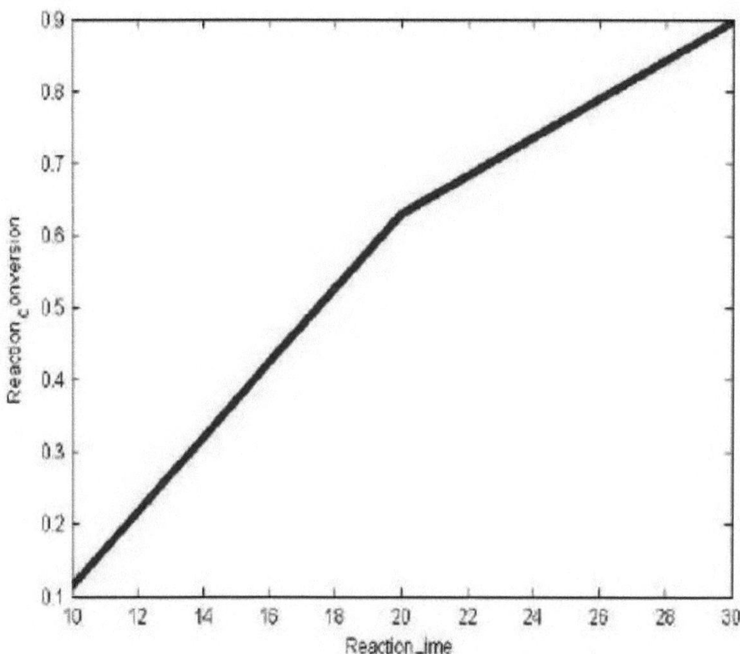

FIGURA 4: GRÁFICO DE LINHAS DE CONVERSÃO DA REACÇÃO PARA 3 PONTOS NO MESMO X

FIGURA 5: GRÁFICO DE LIEN DE CONVERSÃO DE REACÇÃO PARA 33 PONTOS NO MESMO X

A figura 4 mostra a conversão da reação para 3 pontos. A figura 5 expressa a conversão da reação para 35 pontos no mesmo X. A pá com o número de pontos pode ser desenhada para cada entrada e saída. Cada alteração da grelha tem efeitos sobre o espetáculo de 1 a 100; seja substancial ou fina ou abrupta. Quando o sistema de interface fuzzy é formado, deve ser visto para procurar variações. Apresenta a expressão da relação superficial mais elaborada. As tendências podem ser traçadas selecionando um número diferente de pontos; alguns padrões de entrada de estilo contínuo podem ser seguidos.

É um análogo que estará disponível a partir da informação dos dados armazenados para prever quaisquer linhas de trabalho intermédias em que seja necessário algum tipo de controlo durante o processo. A temperatura é variada para outro conjunto de tempo de reação e pH para a conversão da reação. A temperatura foi aumentada e o trabalho foi repetido, observando o tempo de reação e o pH para a conversão da reação. A Figura 6 mostra o sistema de interface fuzzy intermédio de temperatura, tempo e pH e a conversão da reação de saída.

O tempo começa a partir de zero até cerca de cinquenta minutos. O intervalo selecionado é de 10 a 30, o que corresponde ao limite inferior zero e ao limite superior 1. O pH varia entre 1 e 14, o que corresponde a um intervalo de zero a 1.

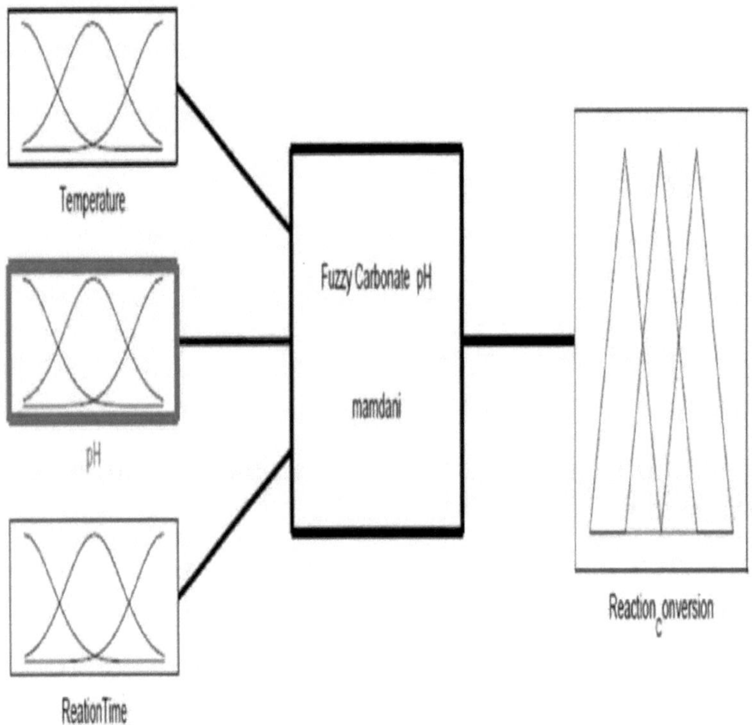

FIGURA 6: MODELO DE INTERFACE FUZZY MAMDANI DE TEMPERATURA, PH E TEMPO DE REACÇÃO COM CONVERSÃO DE REACÇÃO DE SAÍDA

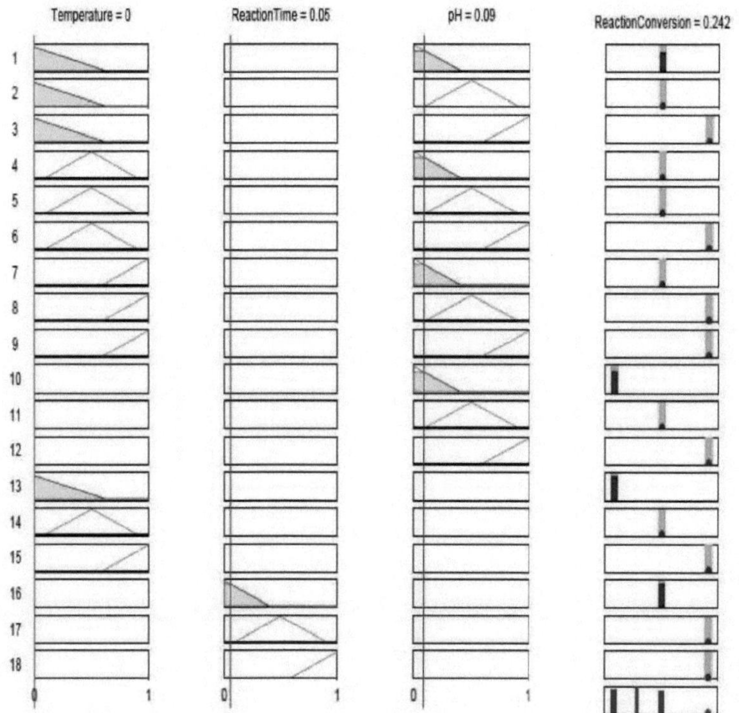

FIGURA 7: DIAGRAMA COMPOSTO DE UM ENSAIO A TEMPERATURA CONSTANTE À ATMOSFERA. CÁLCULO DA CONVERSÃO DA REACÇÃO NO TEMPO DE REACÇÃO INICIAL, PH INICIAL

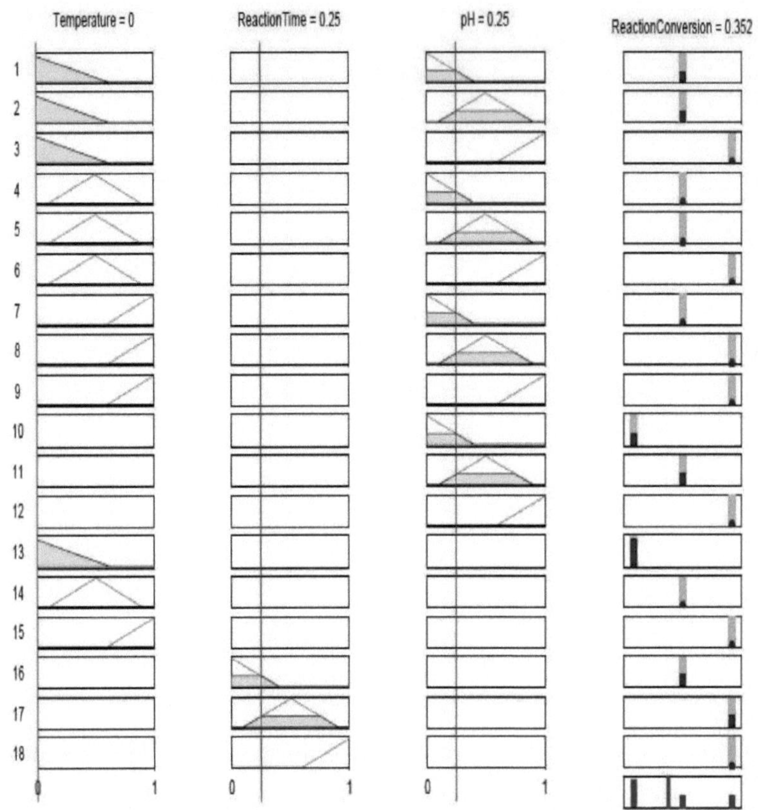

FIGURA 8: DIAGRAMA COMPOSTO DE UMA CORRIDA A TEMPERATURA CONSTANTE À ATMOSFERA. CÁLCULO DA CONVERSÃO DA REACÇÃO NO QUARTO DE TEMPO DE REACÇÃO, QUARTO DE PH

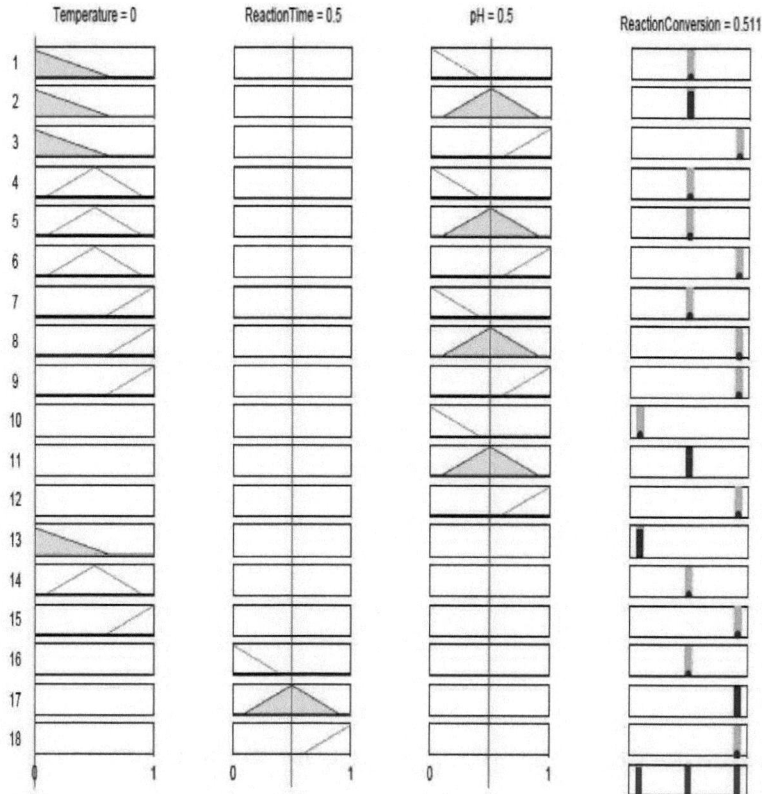

FIGURA 9: DIAGRAMA COMPOSTO DE UMA CORRIDA A TEMPERATURA CONSTANTE À ATMOSFERA. CÁLCULO DA CONVERSÃO DA REACÇÃO A MEIO TEMPO DE REACÇÃO, PH MÉDIO

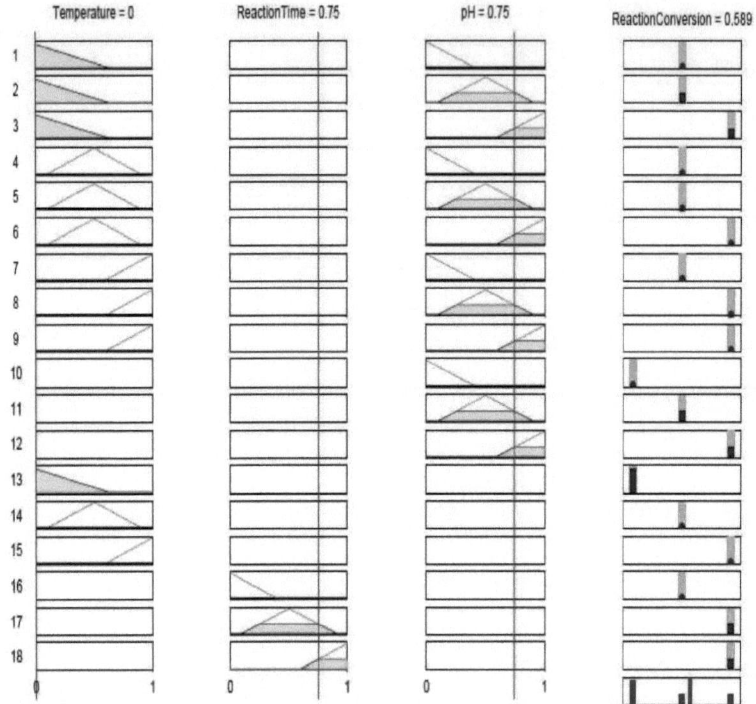

FIGURA 10: DIAGRAMA COMPOSTO DE UMA CORRIDA A TEMPERATURA CONSTANTE À ATMOSFERA. CÁLCULO DA CONVERSÃO DA REACÇÃO A TRÊS QUARTOS DO TEMPO DE REACÇÃO, TERCEIRO QUARTO DO PH MÉDIO

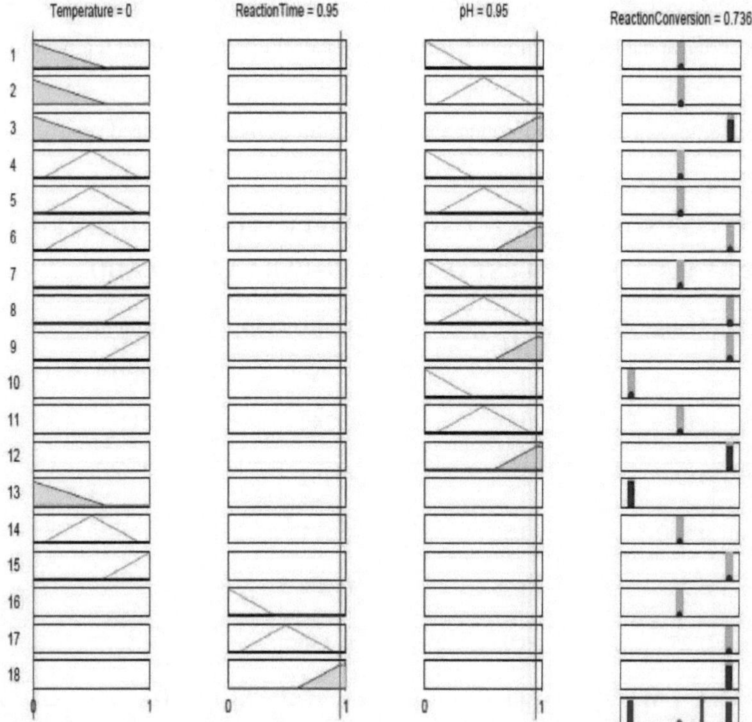

FIGURA 11: DIAGRAMA COMPOSTO DE UM ENSAIO A TEMPERATURA CONSTANTE À ATMOSFERA. CÁLCULO DA CONVERSÃO DA REACÇÃO A 95 % DO TEMPO DE REACÇÃO, 95 % DO LIMITE FINAL DE PH

A Figura 7 mostra o diagrama composto de uma corrida a temperatura constante à atmosfera. São apresentados os cálculos de conversão da reação para o tempo de reação inicial e o pH inicial. A figura 8 mostra o diagrama composto de um ensaio a temperatura constante à atmosfera. São apresentados os cálculos de conversão da reação para um quarto do tempo de reação e um quarto do pH. A figura 9 mostra o diagrama composto de um ensaio a temperatura constante à atmosfera. São apresentados os cálculos de conversão da reação a metade do tempo de reação e a um pH médio. A figura 10 mostra o diagrama composto de uma corrida a temperatura constante à atmosfera. São apresentados os cálculos de conversão da reação a três quartos do tempo de reação e a um pH médio de três quartos. A Figura 11 mostra o diagrama composto de uma corrida a temperatura constante à atmosfera. São apresentados os cálculos de conversão da reação a 95 % do tempo de reação e a 95 % do pH final.

A Tabela 1 apresenta as conversões da reação à temperatura atmosférica; o tempo de reação e o pH são crescentes lado a lado. A Tabela 2 apresenta os valores para uma nova temperatura não atmosférica, que não foi anotada; a coluna da conversão da reação com o tempo de reação e o pH correspondentes são apresentados lado a lado. A Figura 12 mostra as tiras de conversão da reação e de pH, cruzando-se visualmente, a uma nova temperatura constante.

TABLE 1: CONVERSÕES DA REACÇÃO À TEMPERATURA ATMOSFÉRICA; O TEMPO DE REACÇÃO E O PH ESTÃO A AUMENTAR LADO A LADO

Temperatura	**Tempo de reação**	**pH**	**Conversão da reação**	**Aumento relativo**
Atmosférico, min	0.05	0.09	0.242	0.242
Atmosférico, min	0.25	0.25	0.352	
Atmosférico, min	0.50	0.50	0.511	
Atmosférico, min	0.75	0.75	0.589	
Atmosférico, min	0.95	0.95	0.736	

TABLE 2: PARA UMA NOVA TEMPERATURA MAIS ELEVADA DO QUE A ATMOSFERA, NÃO ANOTADA; COLUNA DE CONVERSÃO DA REACÇÃO COM TEMPO DE REACÇÃO E PH CORRESPONDENTES LADO A LADO

Temperatura [0 1]	**Tempo de reação [0 1]**	**pH [0 1]**	**Conversão [0 1]**
0.25	0.25	0.25	0.412
0.25	0.35	0.35	0.493
0.25	0.55	0.55	0.548
0.25	0.75	0.75	0.649
0.25	0.95	0.95	0.789

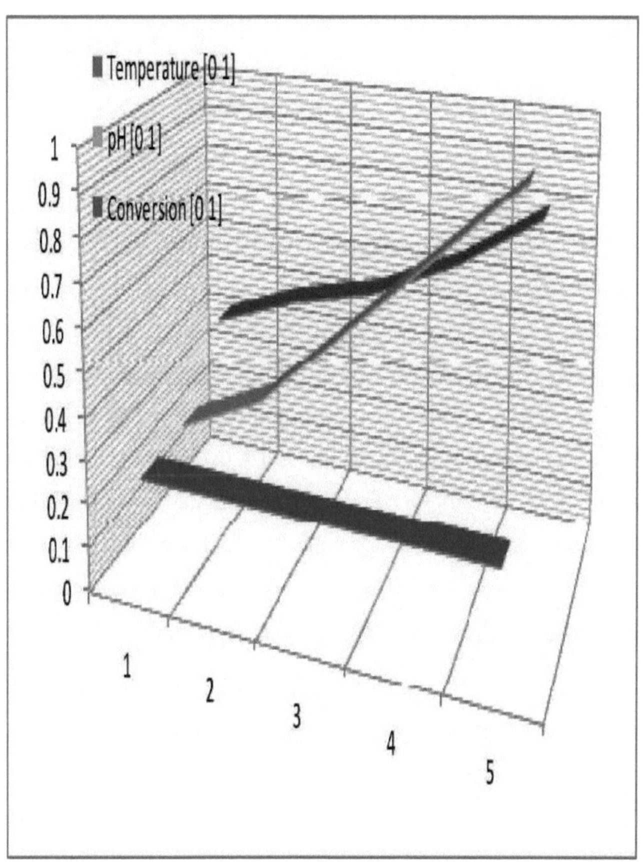

FIGURA 12: TIRAS DE CONVERSÃO DE REACÇÃO E PH, CRUZANDO-SE LIGEIRAMENTE, A UMA NOVA TEMPERATURA CONSTANTE DO SOLO

CAPÍTULO 3

CHAMADA DE RETORNO DA ENTRADA DE SUPERFÍCIE

Neste capítulo, é considerado um modelo sem considerar intervalos de entrada específicos. Os intervalos de 0 a 1 podem corresponder a limites superiores e inferiores que podem ter valores diferentes. Correspondem três entradas [a b c]; a sensibilidade às maiúsculas e minúsculas não é considerada para a conversão da reação de saída. Os intervalos podem ser ajustados. Atribuindo um número a a, b e c, são produzidas as seguintes expressões de superfície prontas. O conjunto de retorno de chamada c é [0,25, 0,5, 0,75, 1]. O conjunto de retorno de chamada b é [10, 15, 20, 25, 27, 30] e o conjunto de retorno de chamada a é [25, 65]. O conjunto A é a entrada de temperatura e o seu intervalo é de 25 a 65 graus Celsius. O conjunto B é atualmente de 10 a 30 e pode ser de 0 a 1 ou de 1 a 14. O conjunto C é atualmente de 0 a 1 e pode ser de 10 a 30. Estas gamas correspondentes podem ser ajustadas em qualquer altura.

Qualquer outro valor médio de amostragem de qualquer entrada pode ser fixado ou editado mantendo o parêntesis e o parêntesis em equilíbrio e a relação correspondente entre outras entradas e saídas pode ser desenhada. A rotação da entrada selecionada pode então ser efectuada. O diagrama composto é então utilizado para tabular os valores em números em vários valores de entradas e saídas para a entrada selecionada.

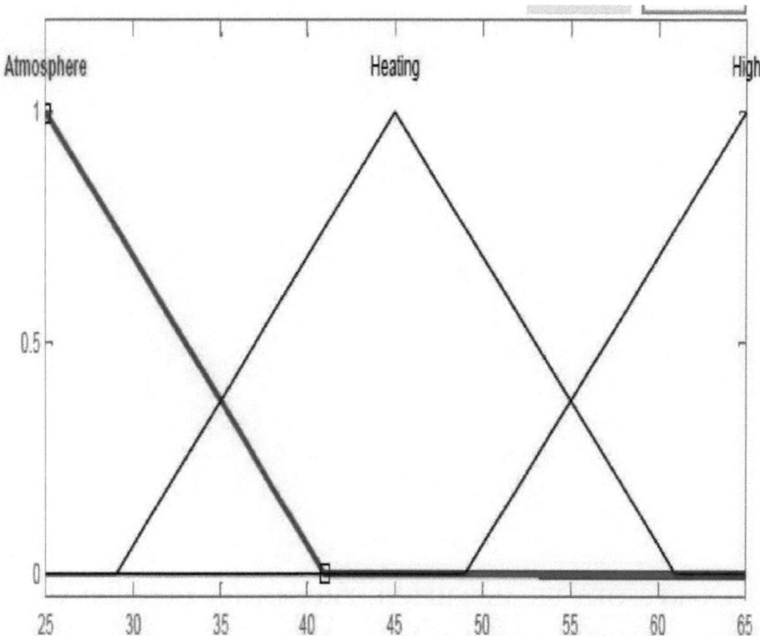

FIGURE 13: FUNÇÕES DE AFILIAÇÃO, NOMEADAMENTE "ATMOSFERA", "AQUECIMENTO" E "ELEVADO", DO TIPO FUNÇÕES DE AFILIAÇÃO TRIANGULARES

A Figura 13 mostra a associação da interface difusa à temperatura, nomeadamente "atmosfera", "aquecimento" e "elevada", com funções de associação do tipo triangular. O intervalo é de 25 a 65, o que pode corresponder a 0 a 1. A figura 14 mostra a associação da interface difusa à conversão da reação, nomeadamente "inicial", "incompleta" e "completa" ou "ini", "incom" e "com", em suma, de funções de associação triangulares.

A temperatura, o tempo de reação, o caudal de gás, o pH, o reator aberto e coberto podem ser entradas com a conversão da reação, a formação de espuma por produto e a subida do nível superior dos produtos no reator podem ser saídas. Muitos outros factores podem ser adicionados ao sistema de interface fuzzy com uma pá de informações. A mudança de localização também pode ser adicionada.

FIGURE 14: ASSOCIAÇÃO DE INTERFACE DIFUSA DE CONVERSÃO DE REACÇÃO: NOMEADAMENTE INICIAL, INCOMPLETA, COMPLETA DE FUNÇÕES DE ASSOCIAÇÃO DE TIPO TRIANGULAR

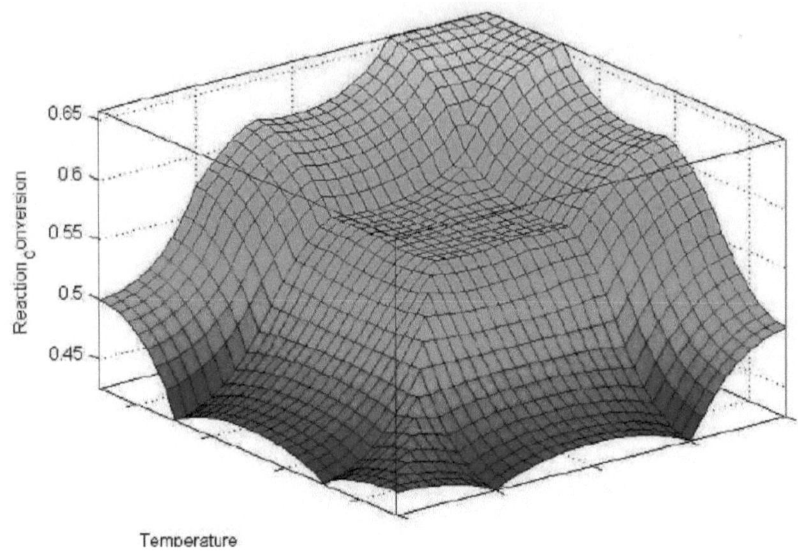

FIGURA 15: EXPRESSÕES DE SUPERFÍCIE PRONTA DA CONVERSÃO DA REACÇÃO COM A TEMPERATURA E X=B A C 0,25

FIGURE 16: EXPRESSÕES DE SUPERFÍCIE PRONTAS DA CONVERSÃO DA REACÇÃO COM Y=TEMPERATURA E X=B A C 0,5

FIGURE 17: EXPRESSÕES DE SUPERFÍCIE PRONTAS DA CONVERSÃO DA REACÇÃO COM Y=TEMPERATURA E X=B A C 0,75

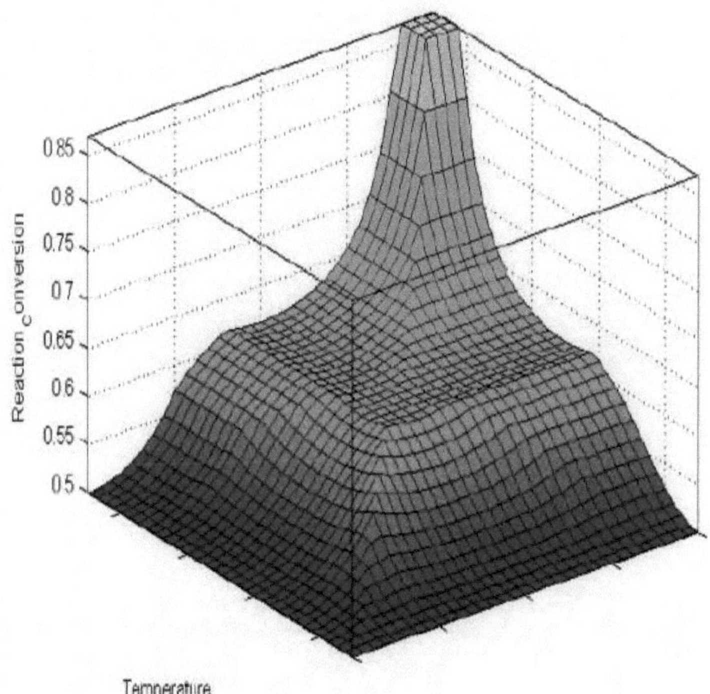

FIGURE 18: EXPRESSÕES DE SUPERFÍCIE PRONTAS DA CONVERSÃO DA REACÇÃO COM A TEMPERATURA E X=B A C 1

Neste caso, c = [0,25, 0,5, 0,75, 1]. A Figura 15 mostra as expressões de superfície prontas da conversão da reação com a temperatura e X=b em c 0,25. A Figura 16 mostra as expressões da superfície pronta da conversão da reação com a temperatura e X=b a c 0,5. Da mesma forma, a Figura 17 mostra as expressões da superfície pronta da conversão da reação com a temperatura e X=b a c 0,75. A figura 18 mostra a superfície pronta da conversão da reação com a temperatura e X=b a c 1.

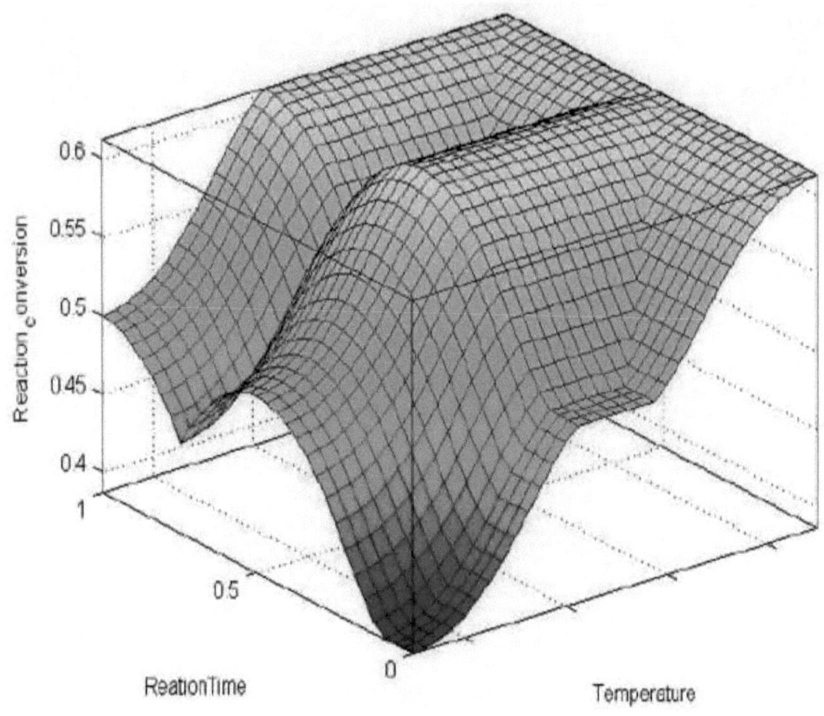

FIGURA 19: EXPRESSÕES DE SUPERFÍCIE PRONTAS DA CONVERSÃO DA REACÇÃO COM A TEMPERATURA E O TEMPO DE REACÇÃO A B 20

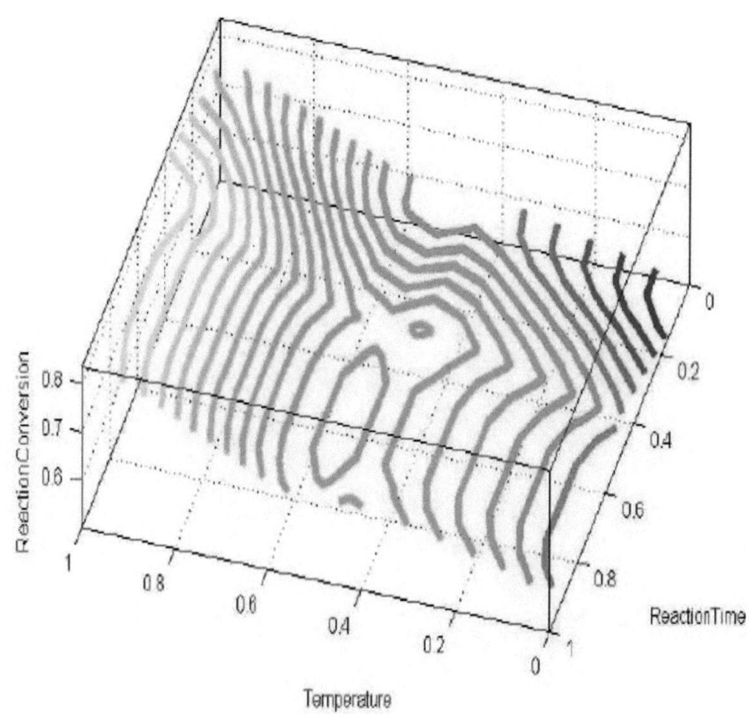

FIGURA 20: EXPRESSÕES DE SUPERFÍCIE PRONTAS DA CONVERSÃO DA REACÇÃO COM A TEMPERATURA E O TEMPO DE REACÇÃO A B 25

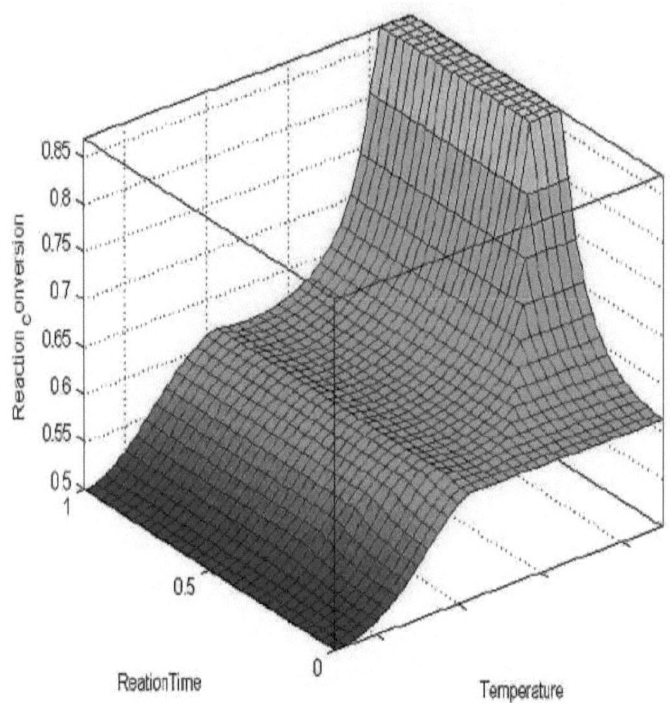

FIGURE 21: EXPRESSÕES DE SUPERFÍCIE PRONTAS DA CONVERSÃO DA REACÇÃO COM A TEMPERATURA E O TEMPO DE REACÇÃO A B 30

Neste caso, b = [10, 15, 20, 25, 27, 30]. A Figura 19 mostra as expressões da superfície pronta da conversão da reação com a temperatura e o tempo de reação a b 20. A Figura 20 mostra contornos de superfície prontos da conversão da reação com a temperatura e o tempo de reação a b 25. A Figura 21 pode mostrar expressões de superfície prontas da conversão da reação com a temperatura e o tempo de reação a b 30. A figura 22 mostra as expressões da superfície pronta da conversão da reação com o tempo de reação e x=b a a 25. A figura 23 mostra contornos de superfície prontos da conversão da reação com x=b e tempo de reação a a 65.

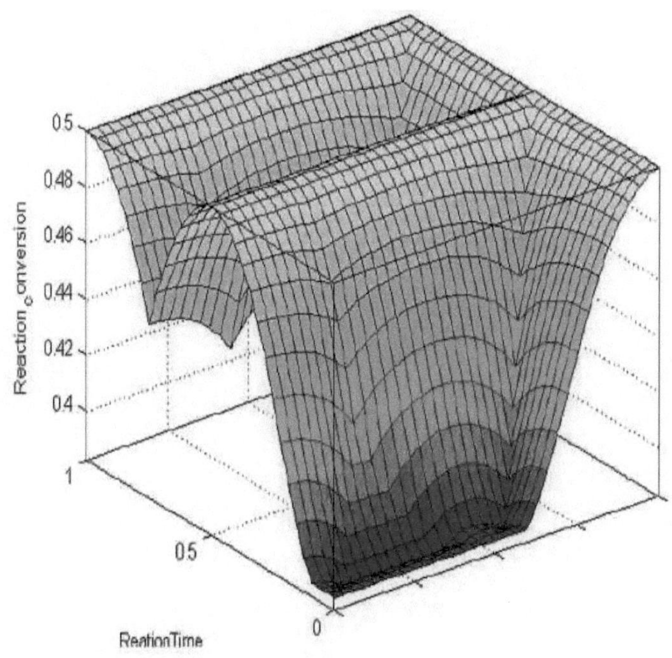

FIGURA 22: EXPRESSÕES DE SUPERFÍCIE PRONTA DA CONVERSÃO DA REACÇÃO COM O TEMPO DE REACÇÃO E X=B A 25

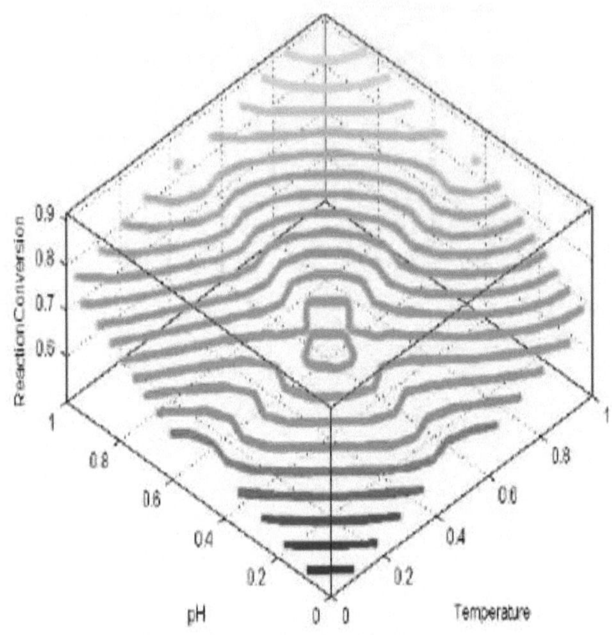

FIGURA 23: EXPRESSÕES DE SUPERFÍCIE PRONTA DA CONVERSÃO DA REACÇÃO COM X=B E TEMPO DE REACÇÃO A 65

CAPÍTULO 4

CONVERSÕES

A taxa de transferência de massa está relacionada com diversas variáveis operacionais, tais como os caudais de gás e de líquido, a taxa de agitação, a temperatura de funcionamento, etc. Factores importantes neste tipo de processos são as caraterísticas geométricas do dispositivo de contacto utilizado para realizar a reação gás/líquido. Mantendo tudo constante, foram efectuadas experiências a diferentes temperaturas específicas. Foi construído um sistema de interface difusa.

AGITAÇÃO

É construído um sistema de interface fuzzy do tempo de reação, temperatura e agitação para a conversão da reação de saída. A interface é construída com base no método de fuzzificação mamdani entre as entradas e as saídas. As observações obtidas a partir dos dados experimentais recolhidos são traduzidas em regras "se-então". Estas regras estabelecem o sistema de interface fuzzy que é utilizado para obter o resultado defuzzificado. Inicialmente, foi selecionado o tipo de função de afiliação triangular para cada função de afiliação das variáveis de entrada e de saída, por defeito. Os intervalos são definidos para cada variável. O intervalo de temperatura é de vinte e cinco graus Celsius frios a sessenta e cinco graus Celsius quentes para "atmosfera", "aquecida" e "alta". O intervalo corresponde a 0 a 1 quando não é mencionado. O intervalo de tempo é de dez a trinta minutos e o intervalo de conversão da reação de saída é atribuído de 0 a 1. A entrada de agitação é adicionada e tem um intervalo de 0 a 1 correspondente a agitação parcial e total. São apresentados diagramas compostos de regras com o método de implicação e o método de agregação. Foi construído um sistema de interface difusa com três entradas: temperatura, tempo de reação e agitação, e uma saída: conversão da reação. Foram adicionadas regras ao sistema de interface que relacionam, em primeiro lugar, a temperatura com a conversão da reação e o tempo de reação com a conversão da reação.

A entrada de agitação é adicionada e as regras dos efeitos de agitação são fundidas no sistema de interface já existente. A ligação entre as entradas e as saídas é efectuada com um sistema de interface fuzzy do tipo mamdani. Foram atribuídas três funções de membro à temperatura. Foram atribuídas funções de afiliação ao tempo de reação. Foram atribuídas funções de afiliação à conversão da reação de saída. Foram atribuídas funções de afiliação à variável de entrada de agitação para ver o comportamento do sistema após a adição da entrada de agitação. A interface difusa relaciona os inputs com os inputs e os transformados com os outputs. Considerou-se uma temperatura fixa e um tempo de reação fixo durante a reação incompleta. Com agitação zero, o sistema de interface contou o valor de conversão da reação com implicação mínima e agregação máxima com defuzzificação do centróide igual a 0,5. A Figura 25 mostra as linhas de conversão da reação, aumento relativo e aumento total para agitação zero, agitação parcial e agitação total. O aumento total é representado pelo eixo secundário y. No topo encontra-se um aumento correspondente à conversão da reação. Os efeitos são observados com o aumento da taxa de agitação. A agitação de entrada aumenta a conversão da reação, que pode ser reduzida devido à presença de produto sólido com a passagem do tempo. Outras limitações podem atrasar a reação, o que pode ser investigado de forma semelhante através do ajuste do processo à escala superior. Com um pequeno esforço para obter os resultados de vários ângulos, é possível reconhecer a aderência suave e firme da agitação na solução.

A figura 24 mostra a expressão do nível no reator para efeitos de agitação a várias temperaturas. Para mais pormenores sobre a interface difusa, pode consultar-se a figura 35. A figura 25 mostra a conversão da reação para agitação nula, parcial e total durante a reação por um tempo fixo. Pode ser detectado um intervalo de acalmia a alta velocidade.

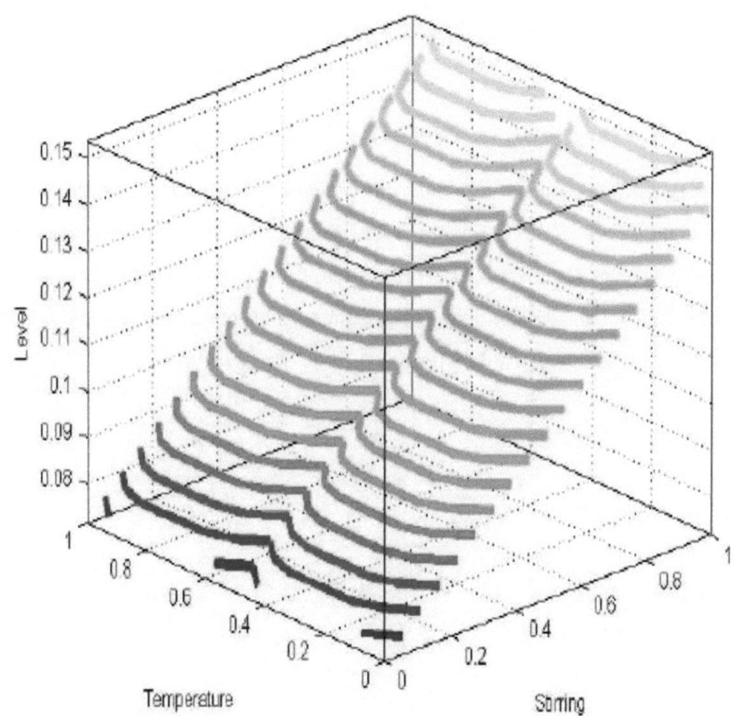

FIGURA 24: EXPRESSÃO DO NÍVEL NO REACTOR PARA EFEITOS DE STRRING PARA VÁRIAS TEMPERATURAS; REF. FIGURA 35.

FIGURA 25: CONVERSÃO DA REACÇÃO PARA AGITAÇÃO NULA, PARCIAL E TOTAL DURANTE A REACÇÃO DURANTE UM TEMPO FIXO

ADITIVO TENSIOATIVO

A conversão e a alteração da reação foram apresentadas. Quando foi adicionado um aditivo, a informação recolhida é a seguinte: Com um aditivo mais elevado, a conversão da reação é maior, ao passo que, com um tempo de reação mais elevado, a direção do aumento da conversão da reação é indicada por cabeças de vetor. A influência do aditivo é única.

O tempo de reação influencia o aumento da conversão da reação, enquanto o aditivo a torna mais elevada.

As funções de membro cabeças e pés estão a desviar-se das previsões.

O número da grelha é também um fator para investigar a direção do vetor.

Num sistema reativo contínuo, estes gráficos podem ser enquadrados para prever a conversão da reação num determinado ponto do reator.

O aditivo aumenta a conversão da reação, reduzindo o tempo de reação.

Figure 25 mostra as funções de afiliação "inicial", "incompleta" e "completa" das funções de afiliação do tipo triangular para a conversão da reação. A função de afiliação 'completa' está em 0,1 e é movida para a frente com o passo 0,1. Os primeiros cinco movimentos para a frente são apresentados na tabela 3. Com cada movimento, a conversão da reação aumenta com base na regra "se-então" fornecida no sistema de interface difusa.

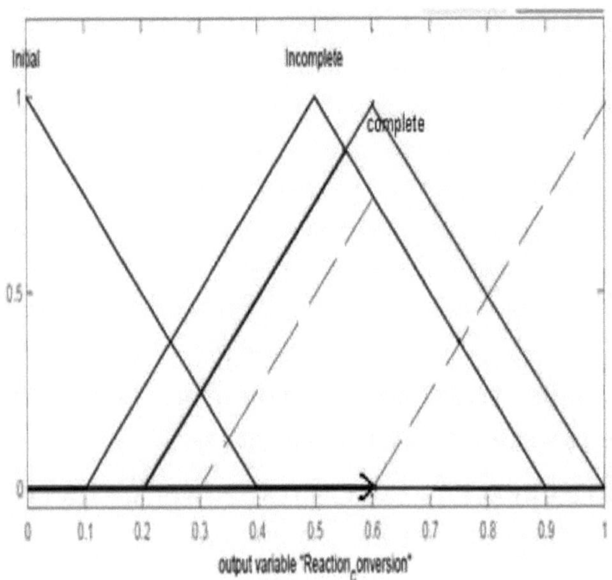

FIGURA 26: FUNÇÕES DE AFILIAÇÃO DA CONVERSÃO DA REACÇÃO, TIPO TRIANGULAR

TABELA 3: MOVIMENTOS DE CONVERSÃO DE REACÇÃO: NOMEADAMENTE FUNÇÕES DE AFILIAÇÃO "COMPLETAS" DE CADA TIPO DE CONVERSÃO TRIANGULAR E DE REACÇÃO

M ove	Localização	Função de afiliação, nomeadamente	Conversão da reação
1	0.2	completo	0.599
2	0.3	completo	0.691
3	0.4	completo	0.762
4	0.5	completo	0.825
5	0.6	completo	0.870

CAUDAL DE GÁS DIÓXIDO DE CARBONO

A fonte de dióxido de carbono foi mantida semelhante. As impurezas foram consideradas negligenciadas na fonte de dióxido de carbono. O fornecimento de gás foi controlado a um caudal constante de z através de uma válvula pressurizada. O sistema reativo estava a uma temperatura superior a sessenta e cinco graus Celsius: 149 graus Fahrenheit. Considerando outros factores constantes, as variações no pH e no tempo de reação são introduzidas no sistema de interface difusa com a conversão da reação como saída a uma temperatura elevada constante. A temperatura de entrada também é adicionada ao sistema de interface fuzzy, mas atualmente é considerada constante. O método de interface fuzzy Mamdani é utilizado para estabelecer a interface entre as entradas e as saídas. O intervalo para a conversão da reação é de 0 a 1. O fluxo é o fluido que se desloca para a posição baixa e fhigh é o fluido que se desloca para a posição alta.

Quando o caudal de gás está a mudar e há agitação, a Figura 27 mostra a alteração das expressões de nível em vários caudais de gás para agitação lenta e rápida. A Figura 28 mostra o esquema de trabalho para apresentar a interface fuzzy. A fonte emite dióxido de carbono. Este pode ser reagido com reagentes adequados para formar produtos úteis. O carbonato de cálcio é utilizado na indústria e é um suplemento medicinal.

Os tipos de funções de afiliação são colocados, cada um de cada vez, para cada função de afiliação para todas as variáveis. Existem tipos de funções de afiliação triangulares, nomeadamente trimf, tipo de função de afiliação dsigmf, tipo de função de afiliação trapmf, tipo de função de afiliação gbellmf e tipo de função de afiliação psigmf. Estas funções de afiliação são substituídas uma a uma. No quadro 4, coluna 2, a lista do tipo de função de afiliação é organizada de modo a que a inferência mais baixa do consumo de dióxido de carbono seja colocada em primeiro lugar. A disposição é feita em colunas por ordem crescente de inferência do consumo de dióxido de carbono. O valor mais baixo é 0,870 para o tipo de função de afiliação triangular, enquanto o valor mais alto da inferência do consumo de dióxido de carbono é 0,897 para o tipo de função de afiliação psigmoidal. A segunda e terceira funções de membro em série apresentam valores intermédios. A Tabela 4 mostra o consumo de dióxido de carbono estimado pelo modelo de interface difusa em termos de fração na coluna número três correspondente à função de afiliação.

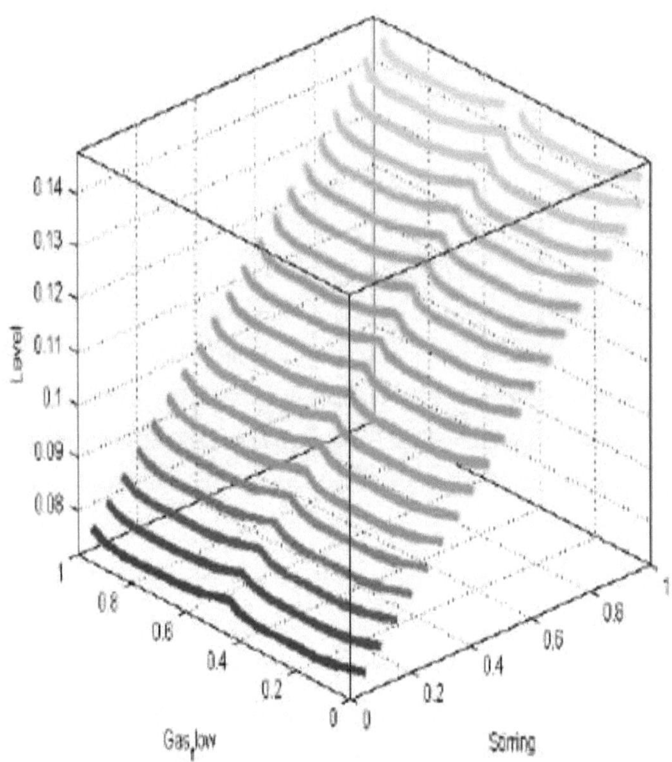

FIGURA 27: ALTERAÇÃO DAS EXPRESSÕES DE NÍVEL EM VÁRIOS CAUDAIS DE GÁS PARA AGITAÇÃO LENTA E RÁPIDA

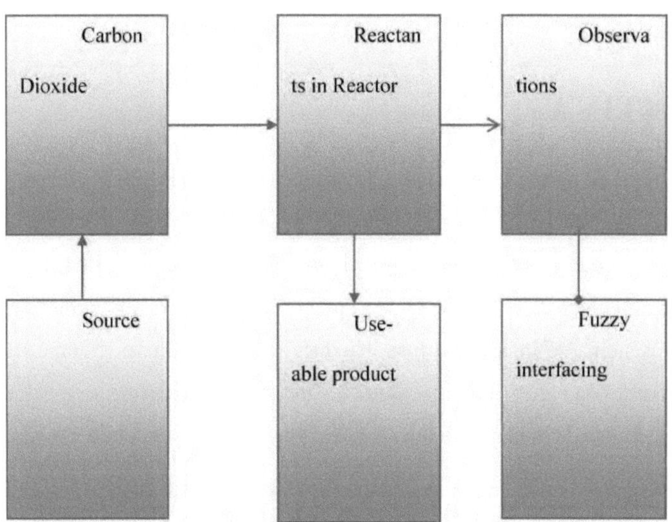

FIGURA 28: REGIME DE TRABALHO

QUADRO 4: FRACÇÃO DE DIÓXIDO DE CARBONO

Sr.	Função de afiliação Tipo	Fração de dióxido de carbono
1	triangular	0.870
2	dsigmodal	0.871
3	trapezoidal	0.882
4	psigmoidal	0.897
5	gbell	

TIPO DE REATOR

Durante os trabalhos, foi praticada a cobertura do topo do reator. Os efeitos foram observados para o reator aberto, parcialmente coberto e coberto. O volume total e as dimensões de profundidade e diâmetro permaneceram iguais. Durante o trabalho, apenas o topo foi aberto, parcialmente coberto e coberto, mantendo os outros factores inalterados. Os efeitos na conversão da reação são desenhados. Os pormenores serão apresentados nos próximos capítulos.

O nível de conteúdo no reator e as formações de espuma são também considerados como resultados que serão mencionados nos próximos capítulos.

CAPÍTULO 5

ENTRADA ADITIVA

A adição de um aditivo, que é de natureza surfactante, foi trabalhada. O lote foi repetido para variações da quantidade de aditivo. A temperatura foi mantida constante no estado atmosférico durante todo o processo. A informação recolhida sobre o tempo de reação, a quantidade de aditivo e a conversão da reação de saída é aprendida e traduzida em regras "se-então" para construir um sistema de interface difusa. Há duas entradas: aditivo e tempo de reação e uma saída: conversão da reação. A temperatura é variada para aquecimento e valor de temperatura elevada. É o caso da mudança de localização quando a temperatura é variada.

A saída da conversão da reação é ligada ao sistema de interface fuzzy do tipo mamdani que é mapeado nas entradas: tempo de reação e aditivo, enquanto a temperatura é constante considerando o trabalho pontual. São definidos intervalos para cada variável. As regras são concebidas a partir de observações aprendidas e são efectuadas simulações prontas.

As entradas são adicionadas ao sistema de interface fuzzy. A saída é adicionada. As variáveis de entrada e saída são nomeadas. As funções de associação são adicionadas a cada variável. O tipo de função de associação é selecionado. As funções de associação são nomeadas. Os intervalos são atribuídos a cada variável, bem como os parâmetros das funções de associação são definidos. O peso da regra é atribuído na totalidade a cada regra. A temperatura é constante e está à temperatura atmosférica. É formado um modelo de base de regras difusas do tipo "se-então". Em seguida, o trabalho foi efectuado novamente com a adição de um aditivo. A Figura 29 mostra a conversão da reação 0 1 e a quantidade de aditivo 0 1 para 33 pontos. O aumento do tempo de reação tem efeitos significativos nas conversões da reação, bem como na adição.

FIGURE 29: GRÁFICO DE LINHAS DA CONVERSÃO DA REACÇÃO 0 1 E DA QUANTIDADE DE ADITIVOS 0 1

Foi introduzida uma entrada adicional no sistema. A temperatura é mantida constante. A conversão da reação é fuzzificada com o tempo de reação. A variável aditiva é adicionada e são obtidas expressões de gráfico de superfície prontas para as entradas: aditivo, tempo de reação e saída: conversão da reação. A temperatura é mantida constante à temperatura do frio atmosférico. A adição de aditivo aumenta a conversão e diminui o tempo de reação. O sistema de interface fuzzy do tipo Mamdani é aplicado com o método AND mínimo, o método OR máximo, a implicação mínima e a agregação máxima.

As funções de afiliação do tipo triangular da variável de saída conversão da reação são trocadas pela função de afiliação PI. A Figura 30 mostra as expressões prontas do gráfico de superfície da conversão da reação de saída com as entradas tempo de reação e aditivo para funções de afiliação triangulares para as entradas e função de afiliação PI para a conversão da reação de saída.

FIGURE 30: EXPRESSÕES DE SUPERFÍCIE PRONTAS DA CONVERSÃO DA REACÇÃO COM ADITIVO E TEMPO DE REACÇÃO

O gráfico de superfície pronto ganha a ponta de uma dança de ballet. Existem três funções de afiliação do tipo PI. Há duas posições em que as pernas das funções de filiação adjacentes se cruzam. Estes cruzamentos são ajustáveis através do posicionamento da cabeça, do ombro e dos pés.

No início do tempo de reação, observam-se ligeiros picos e, com um aditivo mais elevado, descidas. As funções de associação são o interior; e as expressões dos gráficos de superfície prontos mostram o exterior do sistema de interface fuzzy.

OUTRA CONCEÇÃO DE INTERFACE DIFUSA

É formado um modelo de interface fuzzy Sugeno. Wtaver: a defuzzificação da média ponderada é aplicada com a lógica AND prod: produto dos elementos e a lógica ou probor: soma probabilística ou algébrica.

FIGURE 31: mostra as expressões de conversão da reação com o tempo de reação para a variável aditivo; taxa de aditivo; interface fuzzy do tipo Suguno com wtaver: prod, probor. A Figura 32 mostra os contornos de conversão da reação com o tempo de reação para a variável aditivo; taxa de aditivo; interface fuzzy do tipo Suguno com wtaver: prod, probor. A Figura 33 mostra os contornos de conversão da reação com o pH para aditivo variável; taxa de aditivo; interface fuzzy do tipo Suguno com wtaver: prod, probor. A entrada de amostragem ou de adição adicional de reagente pode ser definida como um problema de calha.

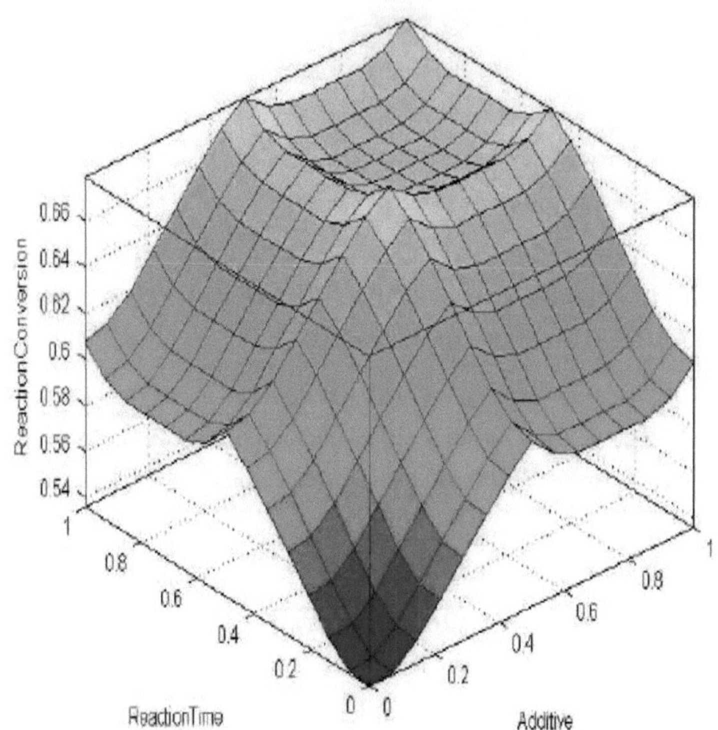

FIGURA 31: EXPRESSÕES DE CONVERSÃO DA REACÇÃO COM O TEMPO DE REACÇÃO PARA ADITIVO VARIÁVEL; TAXA DE ADITIVO; SUGUNO COM WTAVER: PROD, PROBOR.

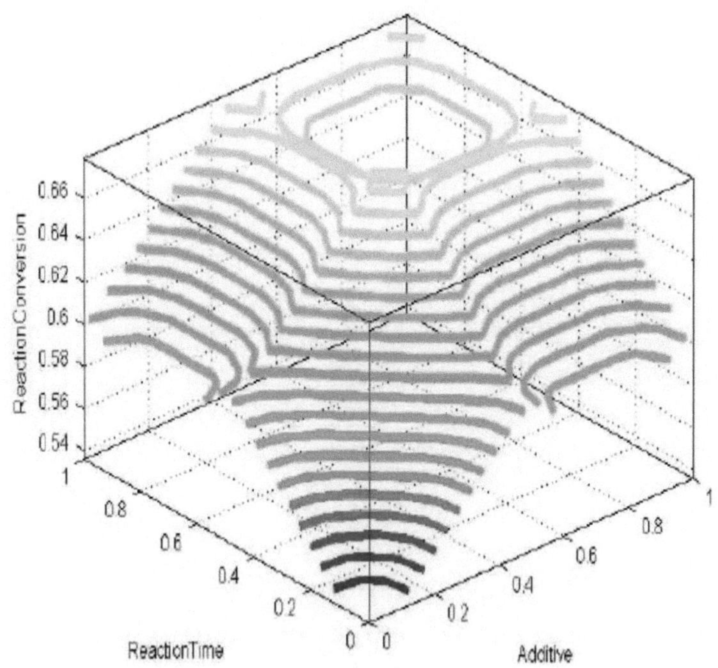

FIGURA 32: CONTORNOS DE CONVERSÃO DA REACÇÃO COM O TEMPO DE REACÇÃO PARA ADITIVO VARIÁVEL; TAXA DE ADITIVO; SUGUNO COM WTAVER: PROD, PROBOR.

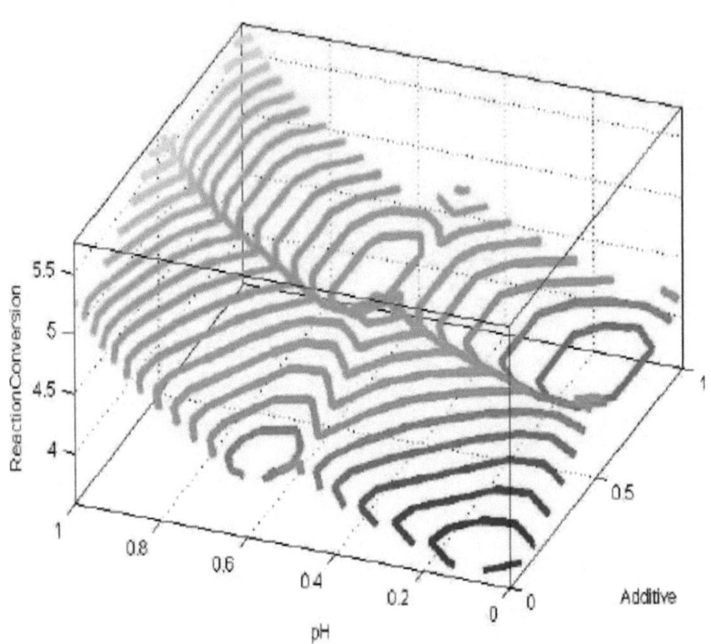

FIGURA 33: CONTORNOS DE CONVERSÃO DA REACÇÃO COM PH PARA ADITIVO VARIÁVEL; TAXA DE ADITIVO; SUGUNO COM WTAVER: PROD, PROBOR.

CAPÍTULO 6

RESIGN DO SISTEMA

Durante a produção de carbonato de cálcio estão presentes muitos factores. A conversão da reação foi anotada com o pH variável, mantendo a temperatura constante, anotando o tempo de reação. O trabalho é repetido quando a temperatura é diferente e no estado aquecido. A repetição do trabalho foi efectuada a alta temperatura. No capítulo anterior foi apresentada uma espécie de modelo Sugeno de interface difusa. Neste capítulo, o modelo é apresentado em pormenor.

Foram definidas três entradas: tempo de reação, pH e temperatura com conversão de reação de saída. Os efeitos de agitação são adicionados como uma entrada para uma condição de temperatura constante. Também foi introduzida a entrada de aditivos. Juntamente com as entradas 4.Agitação e 5.Aditivo e 1.temperatura, 2.tempo de reação e 3.pH; 1.caudal de gás, 2.reator aberto e coberto também são entradas com 1.conversão de reação, e 2.espuma por produto é uma saída. O caudal de gás era constante. É considerado variável e algumas expressões foram desenhadas no capítulo anterior. A espuma formou-se com o decorrer da reação. Os efeitos do reator coberto e descoberto também foram comutados na conversão da reação. Muitos outros factores podem ser adicionados ao sistema de interface fuzzy com uma pá de informação. A mudança de local, a estação do ano no mesmo local e os conhecimentos do pessoal técnico também podem ser acrescentados. A Figura 34 mostra a conceção inicial do modelo sugeno de interface difusa com entradas de temperatura, tempo de reação e pH e conversão da reação.

As entradas são a temperatura, o tempo de reação, o pH, o aditivo, o caudal de gás e o topo do reator. O resultado é a conversão da reação. A conversão da reação pode estar relacionada com a formação de espuma dos produtos. Está diretamente relacionada com a entrada de aditivos. Para uma temperatura, a conversão da reação é anotada com a variação do tempo de reação e a variação do pH. Toma-se outra temperatura e repete-se o trabalho. Em seguida, toma-se outra temperatura e o trabalho é novamente repetido. As quantidades de aditivos são variadas e o trabalho é efectuado a várias temperaturas. O caudal de gás é constante. Deslocar e voltar a deslocar a parte superior do reator e anotar os efeitos. Observa-se a variação do nível de conteúdo. Observa-se a formação de espuma. Observam-se os efeitos da agitação. À medida que a reação avança, começa a formação de espuma com um ligeiro fluxo de bolhas. Com o fluxo de gás, aumenta e, na presença de aditivos, a sua formação torna-se imprevisível. O reator coberto enfrenta uma situação muito pressurizada no interior, enquanto que a deslocação da cobertura permite que a espuma transborde no caso de uma quantidade elevada de aditivo. O reator coberto também apresenta melhorias nas conversões da reação. A fuga de gás torna-se baixa. A Figura 35 mostra as entradas: temperatura, pH, tempo de reação, aditivo, fluxo de gás, tipo de reator e saída: conversão da reação, nível, formação de espuma. A entrada de agitação também é adicionada.

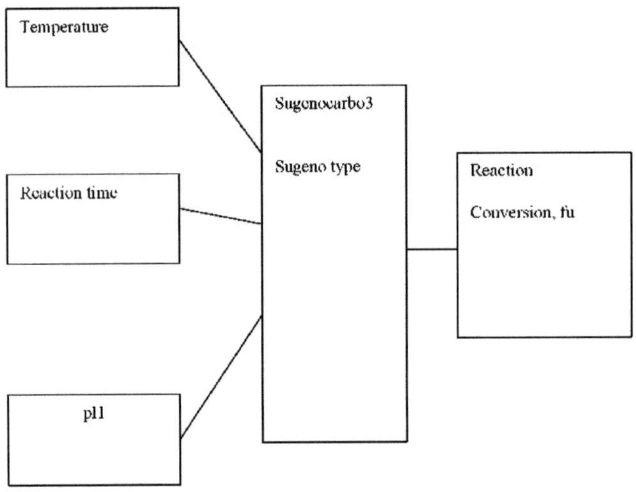

FIGURA 34: MODELO SUGENO DE INTERFACE FUZZY COM ENTRADAS DE TEMPERATURA, TEMPO DE REACÇÃO E PH E CONVERSÃO DA REACÇÃO

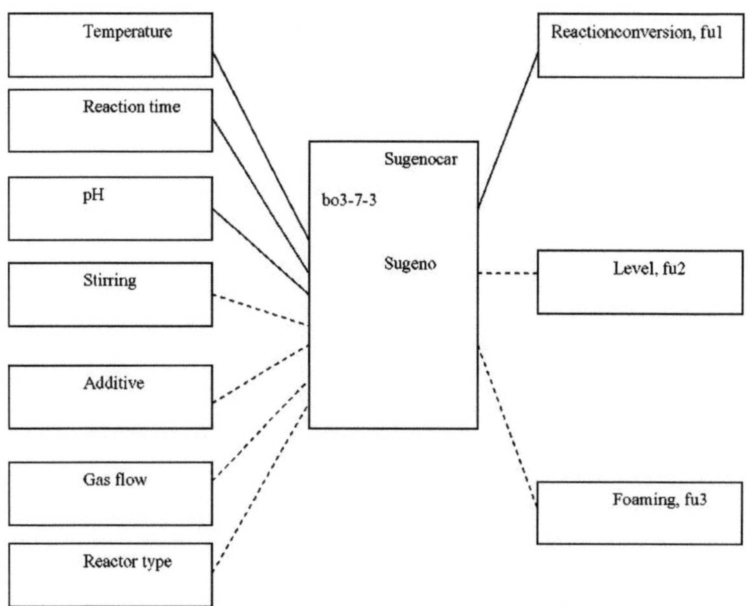

FIGURA 35: MODELO DE TIPO SUGENO DE INTERFACE DIFUSA

QUADRO 5: VARIÁVEIS DE SAÍDA E FUNÇÕES DE MEMBRESIA

Saída, variável Constante/linear	Conversão da reação função [variável] MF	Função de nível [variável] MF	Função de formação de espuma [variável] MF
	nomeadamente	nomeadamente	nomeadamente
constante	ini	agressivo	bolhas
constante	entrada	pressurizado	espuma
constante	com	transbordamento	fumegante
constante		normal	min

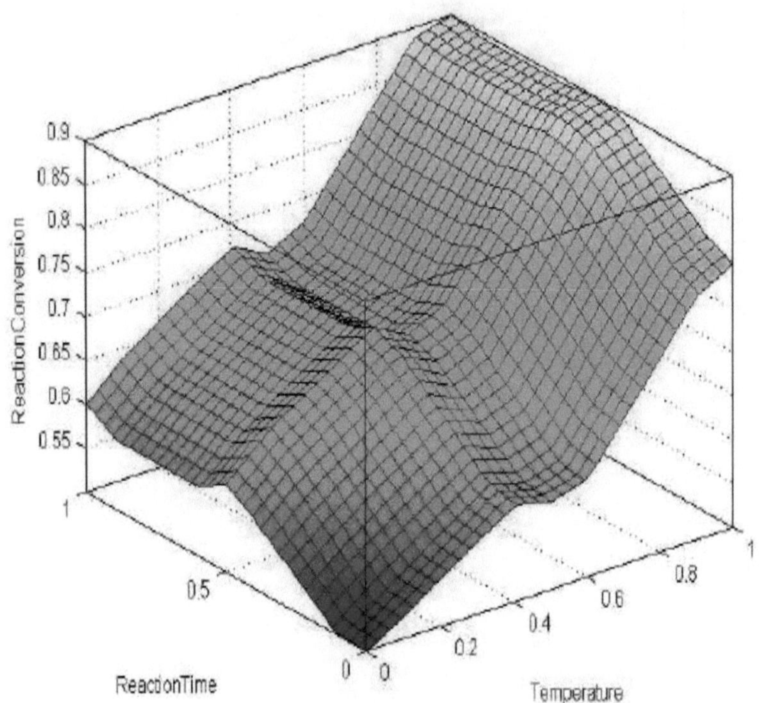

FIGURA 36: EXPRESSÕES DE SUPERFÍCIE PRONTAS DA CONVERSÃO DA REACÇÃO COM O TEMPO E A TEMPERATURA DA REACÇÃO

FIGURE 37: EXPRESSÕES DE SUPERFÍCIE PRONTAS DA CONVERSÃO DA REACÇÃO COM PH E TEMPERATURA

FIGURE 38: EXPRESSÕES DE SUPERFÍCIE PRONTAS DA CONVERSÃO DA REACÇÃO COM ADITIVO E TEMPERATURA

A temperatura varia entre 0 e 1, sendo "atmosférica" 25 Celsius e "elevada" 65 Celsius. O tempo de reação também varia entre 0 e 1, de dez a trinta minutos. A Figura 36 mostra expressões de superfície prontas da conversão da reação com o tempo de reação e a temperatura. No tempo de reação inicial e à temperatura ambiente, a conversão da reação é mais baixa. Com o passar do tempo, a conversão da reação aumenta. A uma temperatura mais elevada, a conversão da reação é maior.

A temperaturas muito elevadas, com o aumento do tempo de reação, a conversão da reação é muito elevada. O pH também varia de 0 a 1 para valores de 0 a 14. A Figura 37 mostra expressões de superfície prontas da conversão da reação com o pH e a temperatura.

A uma temperatura mais elevada, a conversão da reação aproxima-se de 1 para um pH elevado. A conversão da reação está diretamente relacionada com o pH e é um indicador. Foram aplicadas diferentes quantidades de aditivo e o intervalo de 0 a 1 é atribuído a menos, médio e mais aditivo. A Figura 38 mostra expressões de superfície prontas da conversão da reação com aditivo e temperatura.

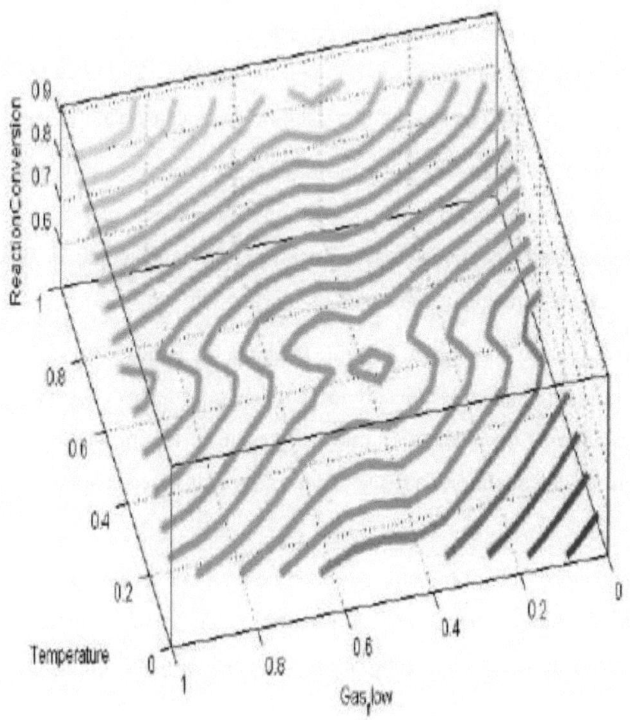

FIGURA 39: EXPRESSÕES DE SUPERFÍCIE PRONTA DA CONVERSÃO DA REACÇÃO COM O CAUDAL DE GÁS E A TEMPERATURA

A conversão da reação aumenta com a quantidade de aditivo e com o aumento da temperatura. A Figura 39 mostra expressões de superfície prontas da conversão da reação com o fluxo de gás a várias temperaturas. Com o aumento do fluxo de gás, a conversão da reação é maior.

A uma temperatura mais elevada e com um elevado fluxo de gás, a conversão da reação é maior. A Figura 40 mostra expressões de superfície prontas da conversão da reação com o tipo de reator e a temperatura. O topo do reator é considerado aberto. Em seguida, considera-se o topo fechado. Os efeitos são visíveis. A conversão da reação aumenta com o topo fechado. A uma temperatura mais elevada e com o topo fechado, a conversão da reação é maior.

FIGURE 40: EXPRESSÕES DE SUPERFÍCIE PRONTAS DA CONVERSÃO DA REACÇÃO COM O TIPO DE REACTOR E A TEMPERATURA

A conversão da reação, o tempo de reação e o pH variam de 0 a 1. O aditivo varia de 0 a 1. A Figura 41 mostra expressões de superfície prontas da conversão da reação com o tempo de reação e o pH. A conversão da reação aumenta com o tempo de reação. A Figura 42 mostra as expressões de superfície da conversão da reação com o tempo de reação e o aditivo.

Com o aumento da quantidade de aditivo e do tempo de reação, a conversão da reação aumenta. A Figura 43 mostra as expressões da superfície pronta da conversão da reação com o tempo de reação e o fluxo de gás. No tempo de reação inicial e com o aumento do tempo de reação, o aumento do fluxo de gás aumenta a conversão da reação.

O tipo de reator varia entre top close e top open. O limite de gama 0 é aplicado ao reator de topo aberto, enquanto o limite de gama 1 é aplicado ao reator de topo fechado. A abertura parcial e o fecho parcial situam-se no meio dos limites da gama. A Figura 44 mostra as expressões da superfície pronta da conversão da reação com o tempo de reação para o tipo de reator.

Em tempos de reação mais baixos, e com o reator de topo aberto, a conversão da reação é baixa, enquanto que à medida que o reator é fechado a partir do topo, com o aumento do tempo de reação, a conversão da reação aumenta comparativamente. Com um tempo de reação mais elevado e com o reator de topo aberto, a conversão da reação diminui. O fecho do topo do reator aumenta a conversão da reação.

Aplicando 0 e 1 ao topo aberto e ao topo fechado do reator, a superfície de conversão da reação é desenhada com o tipo de reator e o pH. Com o aumento do pH, a conversão da reação aumenta e o reator do tipo topo fechado aumenta mais a conversão da reação. A Figura 45 mostra as expressões da superfície de conversão da reação pronta com o tipo de reator e o pH. No caso do tipo de reator aberto de topo, a conversão da reação diminui em comparação com o reator fechado de topo.

FIGURE 41: EXPRESSÕES DE SUPERFÍCIE PRONTAS DA CONVERSÃO DA REACÇÃO COM O TEMPO DE REACÇÃO E O PH

FIGURE 42: EXPRESSÕES DE SUPERFÍCIE PRONTAS DA CONVERSÃO DA REACÇÃO COM O TEMPO DE REACÇÃO E O ADITIVO

FIGURE 43: EXPRESSÕES DE SUPERFÍCIE PRONTAS DA CONVERSÃO DA REACÇÃO COM O TEMPO DE REACÇÃO E O FLUXO DE GÁS

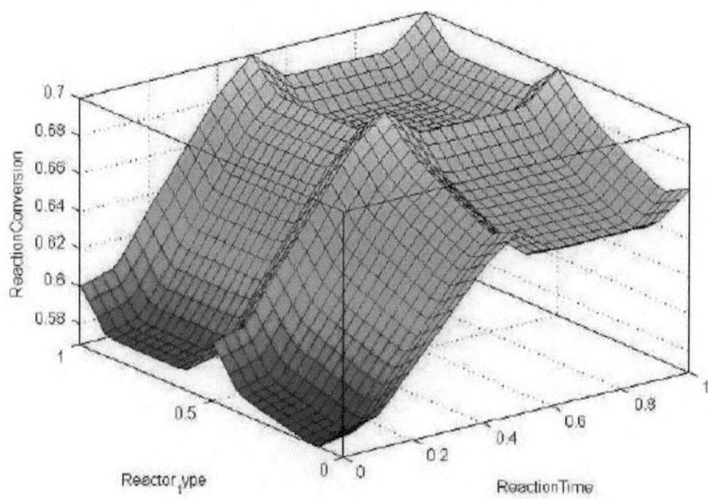

FIGURA 44: EXPRESSÕES DE SUPERFÍCIE PRONTA DA CONVERSÃO DA REACÇÃO COM O TIPO DE REACTOR E O TEMPO DE REACÇÃO

FIGURE 45: EXPRESSÕES DE SUPERFÍCIE PRONTA DA CONVERSÃO DA REACÇÃO COM O TIPO DE REACTOR E O PH

A conversão da reação está relacionada com o fluxo de gás e o aditivo. Os limites do caudal de gás variam entre 0 para lento e 1 para elevado. A baixa quantidade de aditivo está no limite 0 e a maior quantidade de aditivo no limite mais elevado. A Figura 46 mostra as expressões de superfície prontas da conversão da reação com o fluxo de gás e o aditivo. A conversão da reação aumenta com o caudal de gás. Ao adicionar aditivo, a conversão da reação aumenta ainda mais. A conversão da reação diminui para um mesmo fluxo de gás quando o aditivo é menor.

O tipo de reator é 0 quando o topo está aberto e quando o topo está fechado; é representado pelo limite superior 1. O topo coberto é 1, o topo movido é parcial e o topo removido é 0. A Figura 47 mostra as expressões da superfície pronta da conversão da reação com o tipo de reator e o aditivo. Para o tipo de reator de topo fechado, a conversão da reação é maior, bem como para uma quantidade elevada de aditivo. Para uma menor quantidade de aditivo, a conversão da reação é comparativamente baixa. Para o tipo de reator de topo aberto, a conversão da reação diminui.

FIGURE 46: EXPRESSÕES DE SUPERFÍCIE PRONTAS DA CONVERSÃO DA REACÇÃO COM FLUXO DE GÁS E ADITIVO

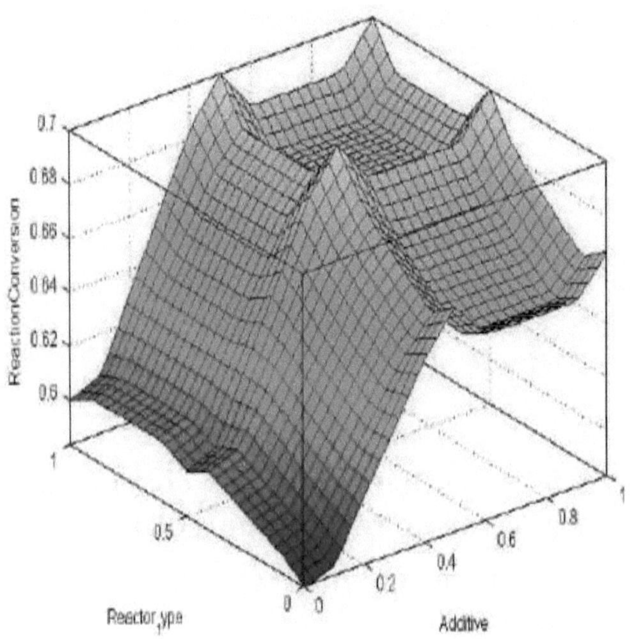

FIGURA 47: EXPRESSÕES DE SUPERFÍCIE PRONTA DA CONVERSÃO DA REACÇÃO COM O TIPO DE REACTOR E O ADITIVO

CAPÍTULO 7

FORMAÇÃO DE ESPUMA E NÍVEL

Durante o trabalho, o nível de conteúdo sobe e desce em conformidade, assim como a espuma é produzida. A informação anotada sobre estas duas variáveis é designada como saída para o sistema já construído.

As expressões com várias entradas são aqui apresentadas. A Figura 48 mostra expressões de formação de espuma para temperatura variável com aditivo crescente.

A Figura 49 mostra as expressões de bolha de espuma para temperatura variável com pH. A Figura 50 mostra as expressões de nível para temperatura variável com aditivo. A figura 51 mostra as expressões de nível para a temperatura variável com o tempo de reação; taxa de nível. A figura 52 mostra as expressões de nível para a temperatura variável com o pH.

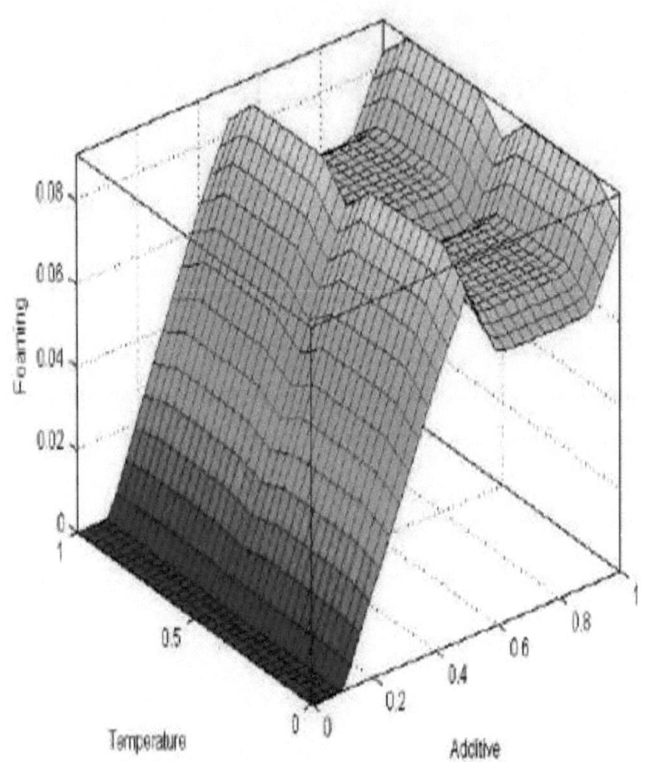

FIGURA 48: EXPRESSÕES DE FORMAÇÃO DE ESPUMA PARA TEMPERATURA VARIÁVEL COM ADITIVO CRESCENTE

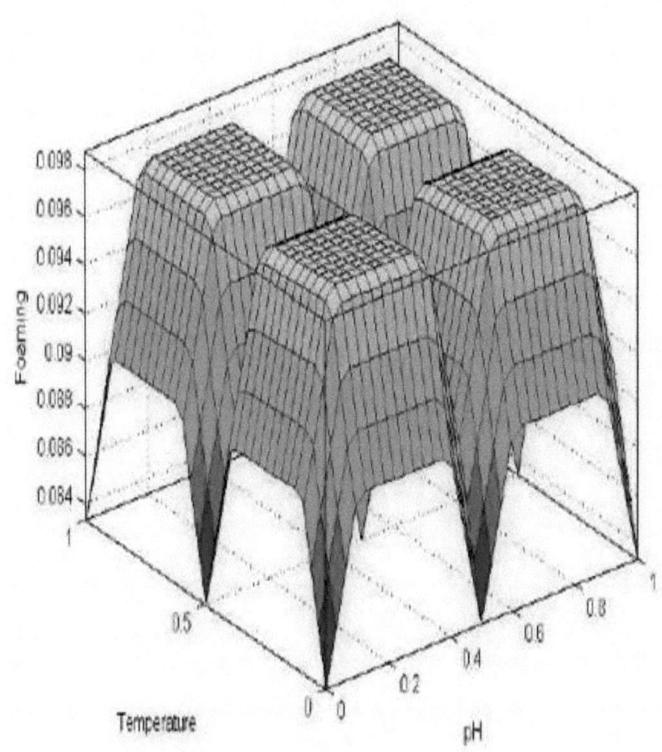

FIGURA 49: EXPRESSÕES DE BOLHAS DE ESPUMA PARA TEMPERATURA VARIÁVEL COM PH

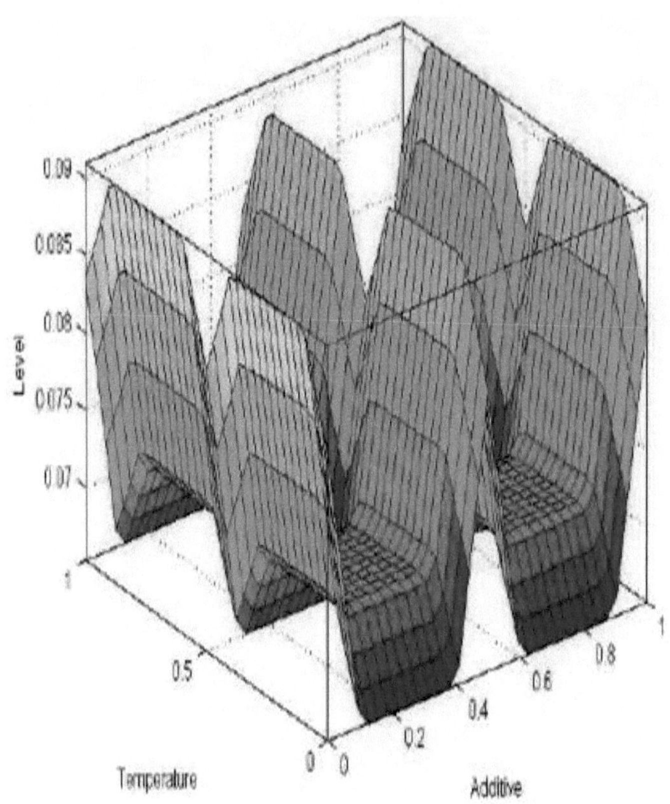

FIGURA 50: EXPRESSÕES DE NÍVEL PARA TEMPERATURA VARIÁVEL COM ADITIVO

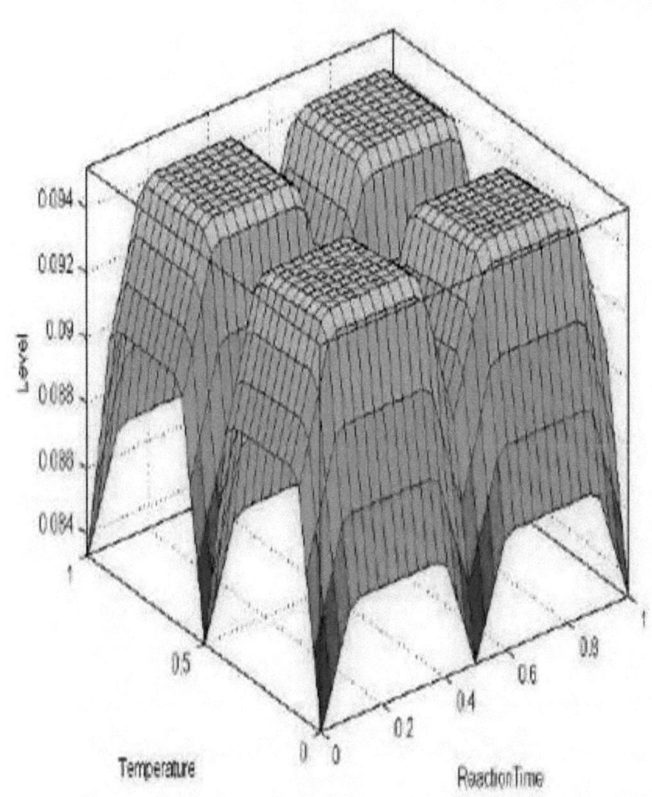

FIGURA 51: EXPRESSÕES DE NÍVEL PARA TEMPERATURA VARIÁVEL COM TEMPO DE REACÇÃO; TAXA DE NÍVEL

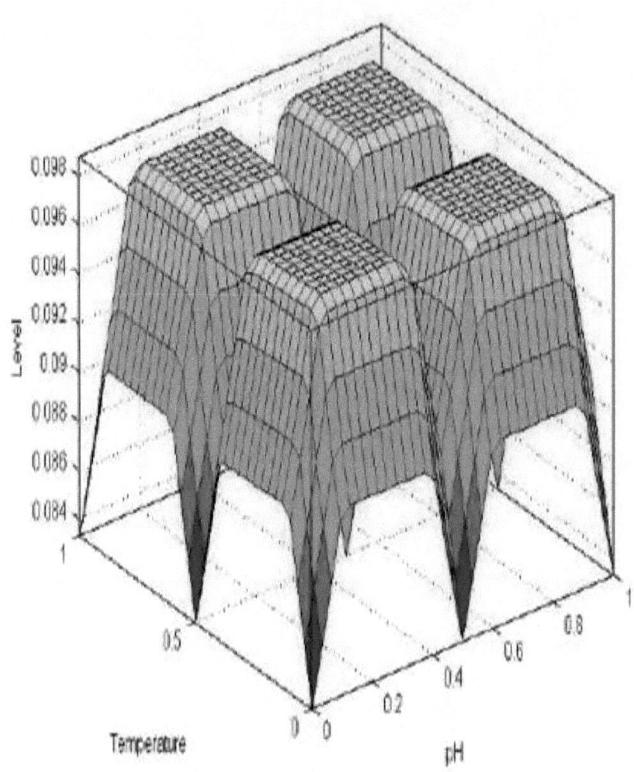

FIGURA 52: EXPRESSÕES DE NÍVEL PARA TEMPERATURA VARIÁVEL COM PH

CAPÍTULO 8

UMA EXCEPÇÃO

A informação armazenada é traduzida em regras "se-então" e adicionada ao sistema de interface fuzzy de entradas: temperatura, tempo de reação e pH com saída: conversão da reação mantendo as outras variáveis constantes. É atribuído um peso total a cada regra. O método de interface difusa é selecionado como tipo de interface sugeno. São atribuídas três funções de filiação a cada variável de entrada. O tipo de função de filiação triangular é a predefinição para cada função de filiação. As funções de afiliação da conversão da reação são, nomeadamente, "inicial", "incompleta" e "completa" do tipo triangular. O intervalo é de 0 a 1.

A Figura 53 mostra as funções de membro, nomeadamente 'atmosfera', 'aquecimento' e 'alta' da variável temperatura de entrada do tipo triangular. Os pontos do gráfico são 181. Uma exceção ocorre quando a 'Atmosfera' é mais fria do que o habitual. Para incorporar esta situação, a perna interior da função de membro intermédia é esticada 0,2, aumentando a sua área. Os efeitos de mudança de local ou de estação podem ser ilustrados. É igualmente apresentada uma comparação entre a média ponderada wtaver e a soma ponderada wtsum. A Figura 54 mostra expressões de superfície prontas da conversão da reação com o tempo de reação e o pH. A defuzzificação é feita por wtaver com o método AND prod OU método probor. Prod é o produto dos elementos e probor é a soma algébrica. Verifica-se que a conversão da reação diminui para o caso. Tanto a um tempo de reação elevado como a um pH elevado, observa-se uma queda na conversão da reação. A Figura 55 mostra expressões de superfície prontas da conversão da reação com o tempo de reação e o pH. A defuzzificação é efectuada com o método AND min OU método max. O método AND min e o método OR max representam o componente mais pequeno e o componente maior. É possível comparar uma superfície ligeiramente lisa.

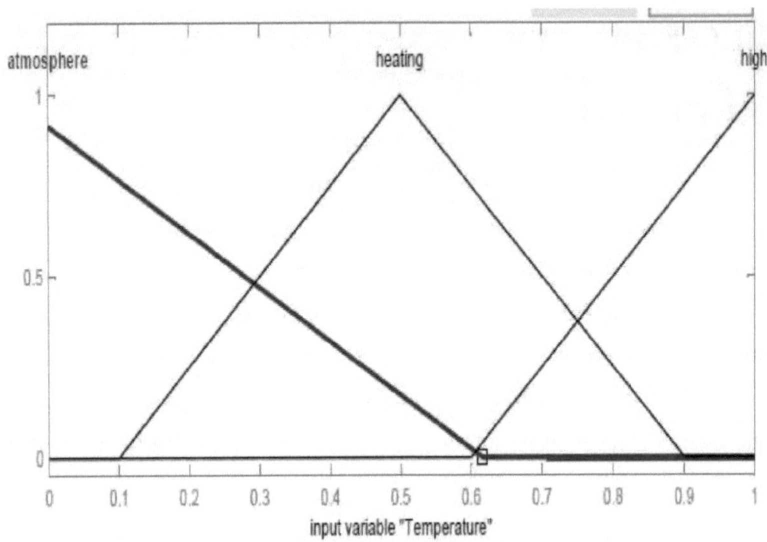

FIGURA 53: TEMPERATURA DAS FUNÇÕES DE AFILIAÇÃO, TIPO TRIANGULAR

FIGURA 54: FOLHA DE CONVERSÃO DA REACÇÃO COM TEMPO DE REACÇÃO E PH, COM E PROD OU PROBOR

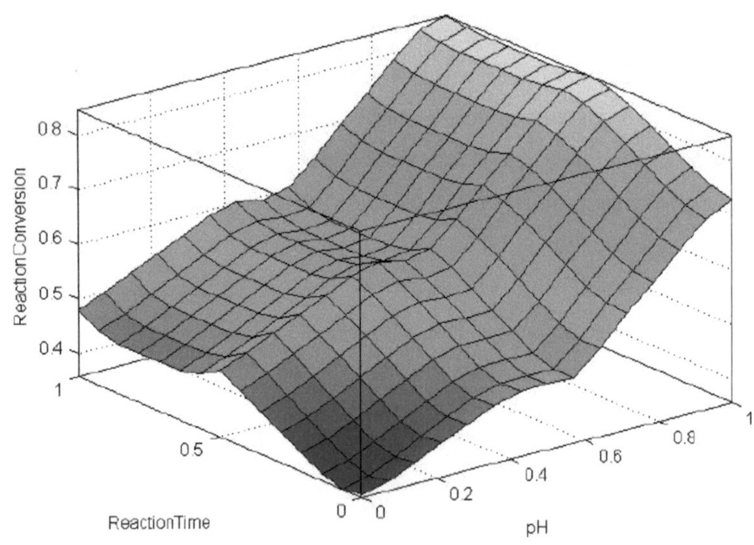

FIGURA 55: FOLHA DE CONVERSÃO DA REACÇÃO COM TEMPO DE

REACÇÃO E PH, COM E MIN OU MAX

Deixar o intervalo de temperatura entre a atmosfera e o aquecimento até à temperatura elevada como valor fixo de 0 a 1 como um conjunto de t= [0, 0,1, 0,5, 1]. Para cada valor, as expressões são desenhadas entre a conversão da reação e as outras duas entradas: pH e conversão da reação. As grelhas são 33. A Figura 56 mostra expressões de superfície prontas conversão de reação com tempo de reação e pH, com defuzzificação wtsum com o método AND prod OU método probor, a T= 0,5. Wtsum é a soma ponderada. AND é o AND lógico. OR é OR lógico. O método prod é o produto e pobor é a soma algébrica. A Figura 57 mostra expressões de superfície prontas conversão de reação com tempo de reação e ph, com defuzzificação wtsum com o método AND prod OU método probor, a T=1.

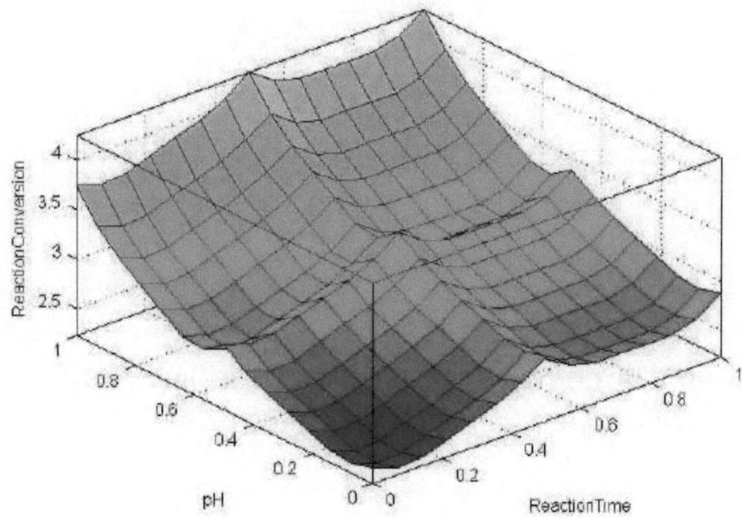

FIGURA 56: TABULEIROS DE CONVERSÃO DA REACÇÃO COM TEMPO DE REACÇÃO E PH, WTSUM COM E PROD & OU PROBOR, EM T= 0,1

FIGURA 57: TABULEIROS DE CONVERSÃO DA REACÇÃO COM TEMPO DE REACÇÃO E PH, WTSUM COM E PROD & OU PROBOR, EM T=1

Alteração do peso da regra

O modelo de número mínimo de entradas para o modelo de número máximo de entradas é aproximado. Para que a reação não fique incompleta nem siga na direção errada, as regras são alteradas com uma redução do peso. Os efeitos intermédios são observados. O tempo de reação e a conversão da reação são considerados. A Figura 58 mostra as ondas de conversão da reação para a taxa de pH-reação. A Figura 59 mostra as ondas de conversão de reação para a taxa de reação de pH quando o peso de uma regra é reduzido em 50%. A Figura 60 mostra as ondas de conversão da reação para a taxa de reação do pH quando o peso de outra regra de ligação é reduzido em 50%.

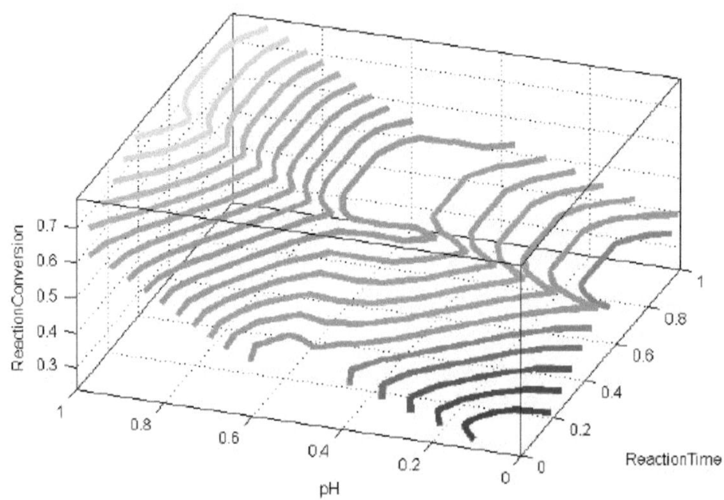

FIGURA 58: ONDAS DE CONVERSÃO DA REACÇÃO PARA PH-PESO DA TAXA DE REACÇÃO RT-RC [1] [1]

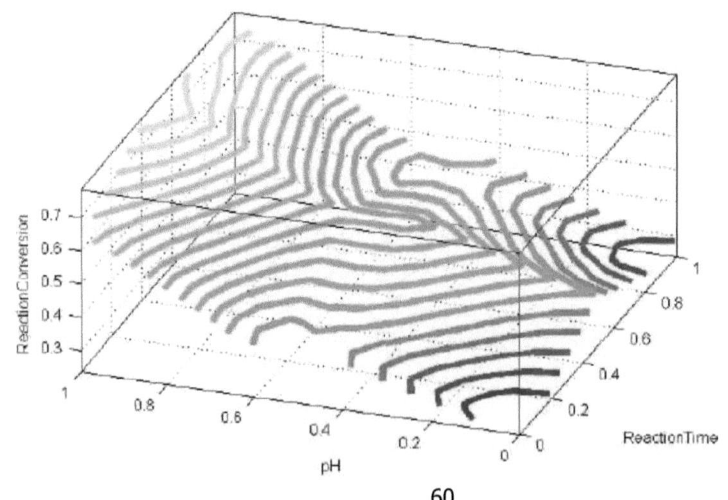

FIGURA 59: ONDAS DE CONVERSÃO DA REACÇÃO PARA A TAXA DE REACÇÃO PH O PESO DE UMA REGRA É REDUZIDO EM 50 POR CENTO PESO RT-RC [1] [0,5]

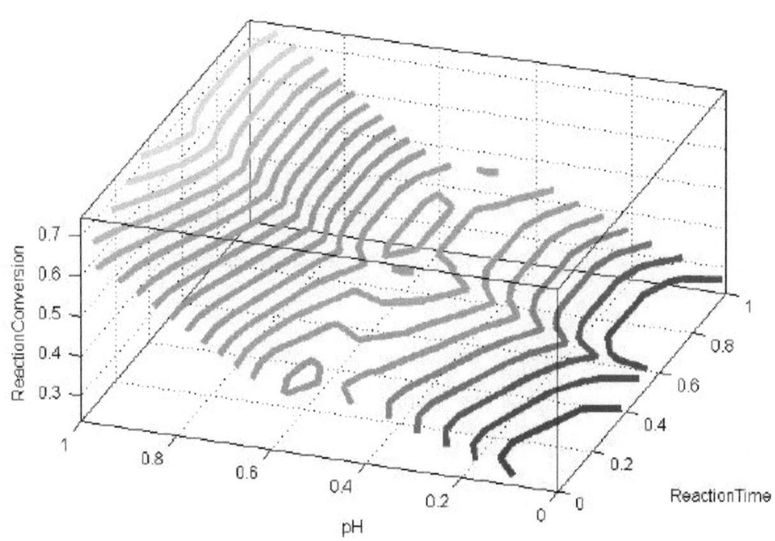

FIGURA 60: ONDAS DE CONVERSÃO DA REACÇÃO PARA A TAXA DE REACÇÃO PH O PESO DE OUTRA REGRA É REDUZIDO EM 50 POR CENTO PESO RT-RC [0,5] [0,5]

CAPÍTULO 9

REACTOR DE AGITAÇÃO

Após o capítulo quatro, interface fuzzy de agitação mamdani, é agora construído um sistema de interface fuzzy do tempo de reação, temperatura, pH, fluxo de gás, aditivo, tipo de reator e agitação para a conversão da reação de saída, nível de conteúdo e formação de espuma, como mostra a figura 35. A interface está agora ligada ao método de fuzzificação de Sugeno entre as entradas e as saídas. As observações obtidas a partir dos dados experimentais recolhidos são traduzidas em regras "se-então". Estas regras estabelecem o sistema de interface fuzzy que é reproduzido para obter o resultado defuzzificado através do método de wtaver por defeito.

As duas figuras seguintes são contornos computacionais. A primeira figura mostra um fluxo de gás para o líquido, enquanto a segunda figura mostra um jato de aspersão saliente e centrado num recipiente. É possível observar a invasão de gás. Podem ser vistas as reaparições no interior do recipiente.

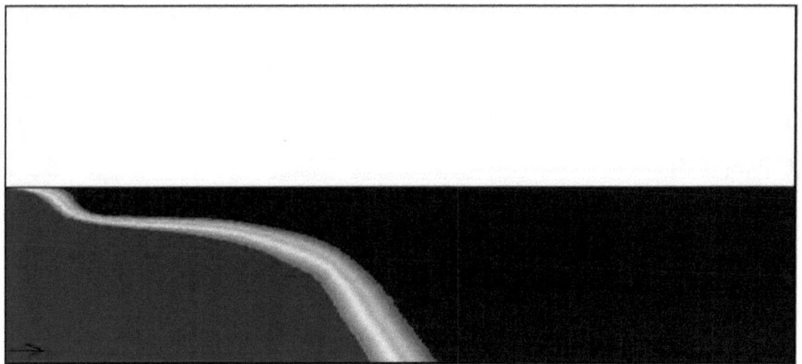

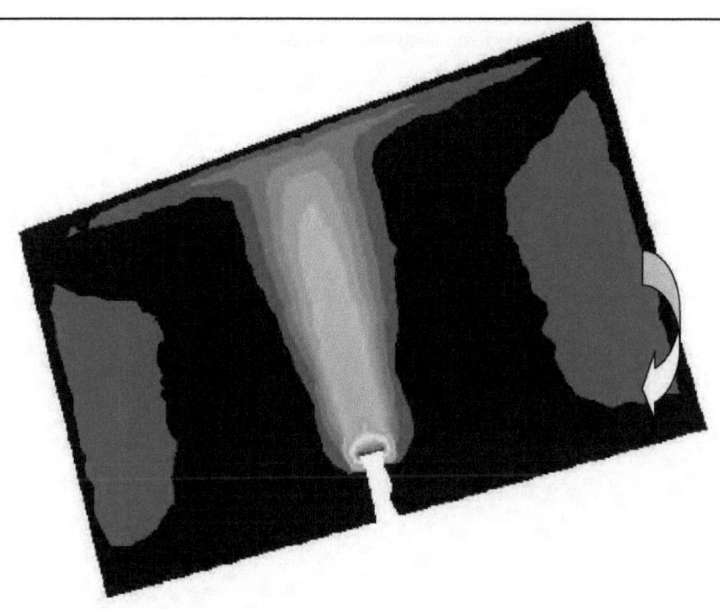

O padrão de fluxo e as direcções de fluxo podem ser estimados. A agitação pode então ser introduzida. O outro cenário é introduzir uma inclinação no reator ou rodar o reator para ver os efeitos na conversão da reação.

Inicialmente, foi selecionado o tipo de função de afiliação triangular para cada função de afiliação das variáveis de entrada e de saída por defeito. Sem qualquer alteração paramétrica, a Figura 61 mostra os efeitos da agitação na formação de espuma com o tipo de reator e a Figura 62 mostra os efeitos da agitação na formação de espuma com o tipo de reator quando o aumento da grelha é superior a duas vezes.

A Figura 63 mostra os efeitos da agitação na formação de espuma com o tipo de reator. A Figura 64 mostra as expressões vectoriais dos efeitos da agitação na formação de espuma com o tipo de reator e a Figura 65 mostra as expressões vectoriais dos efeitos da agitação na formação de espuma com o tipo de reator quando o aumento da grelha é superior a duas vezes. A Figura 66 mostra a expressão do contorno da formação de espuma relacionada com o caudal de gás e a variável temperatura. É apresentada a formação de espuma para efeitos de agitação e para várias temperaturas. São também apresentados os efeitos do caudal de gás. A figura 67 mostra os efeitos da agitação na formação de espuma com o tipo de reator e o caudal de gás. A Figura 68 mostra um caso de mamdani para o mesmo sistema de interface de entradas e saídas. O modelo mamdani de treino e teste é apresentado em **Error! Fonte de referência não encontrada.**

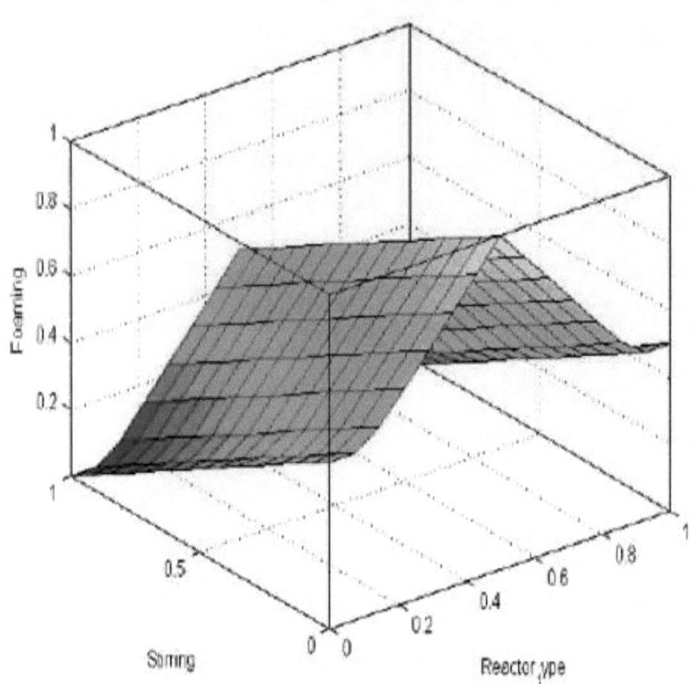

FIGURA 61: EFEITOS DA AGITAÇÃO NA FORMAÇÃO DE ESPUMA COM O TIPO DE REACTOR

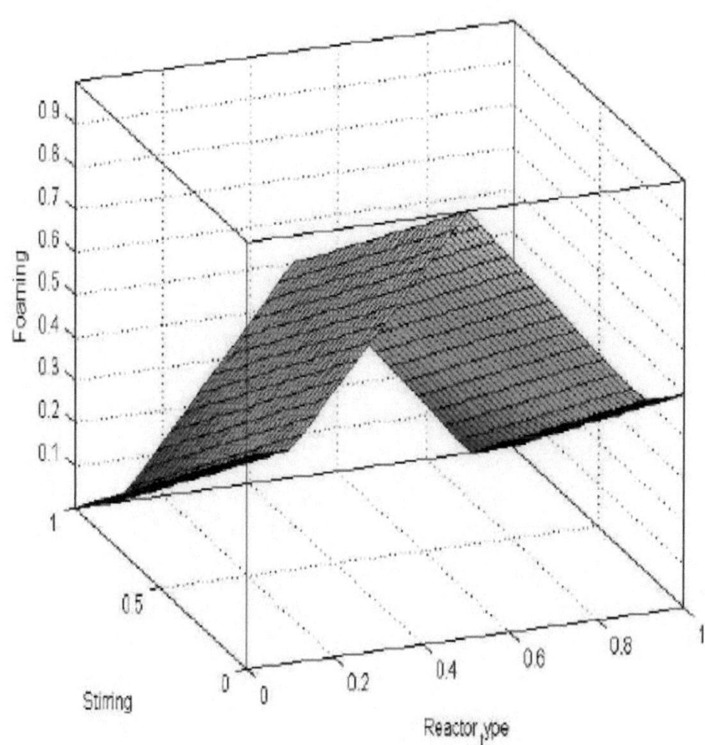

FIGURA 62: EFEITOS DA AGITAÇÃO NA FORMAÇÃO DE ESPUMA COM O TIPO DE REACTOR, AUMENTO DO GRADIENTE MAIS DE DUAS VEZES

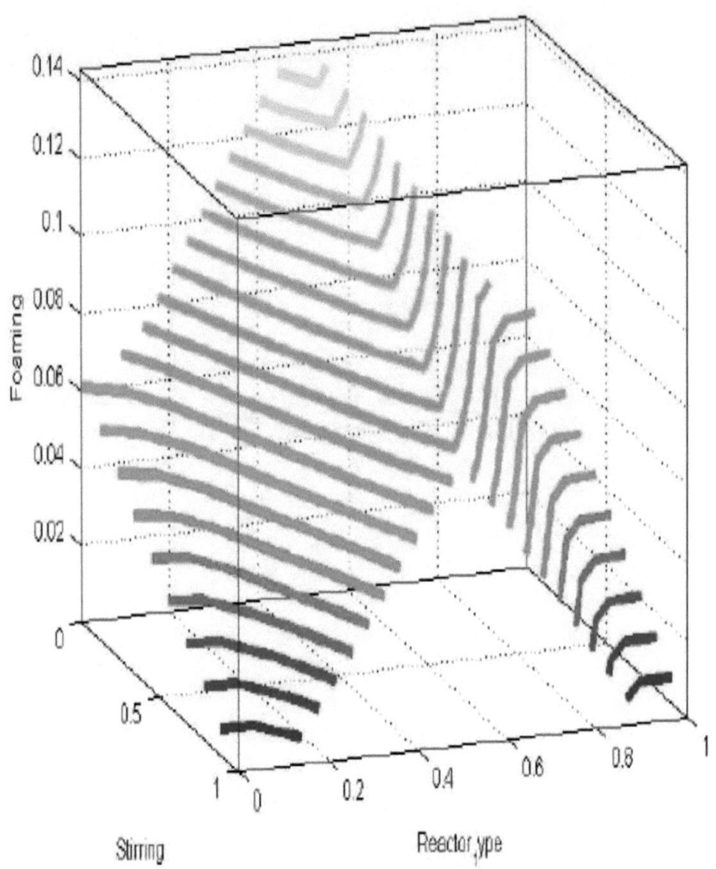

FIGURA 63: EFEITOS DA AGITAÇÃO NA FORMAÇÃO DE ESPUMA COM O TIPO DE REACTOR

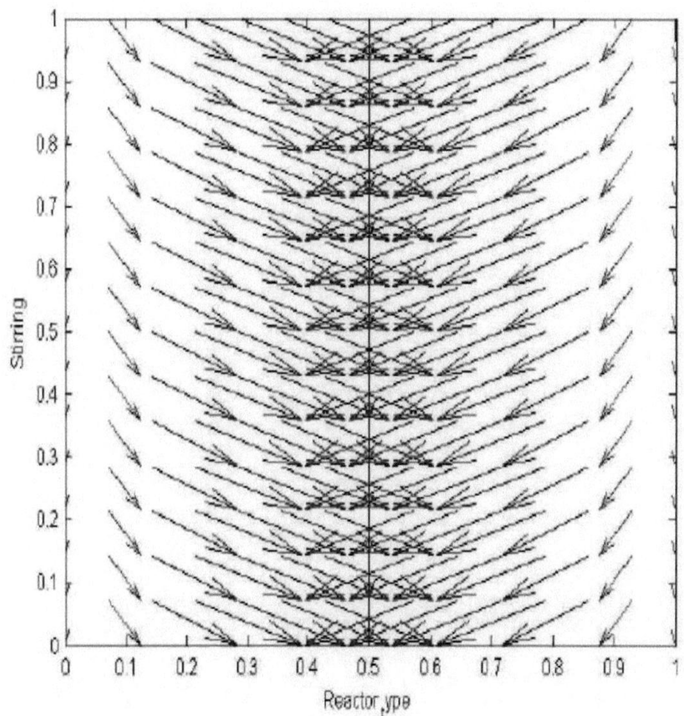

FIGURA 64: EXPRESSÕES VECTORIAIS EFEITOS DA AGITAÇÃO NA FORMAÇÃO DE ESPUMA COM O TIPO DE REACTOR, LENTO/FLUXO

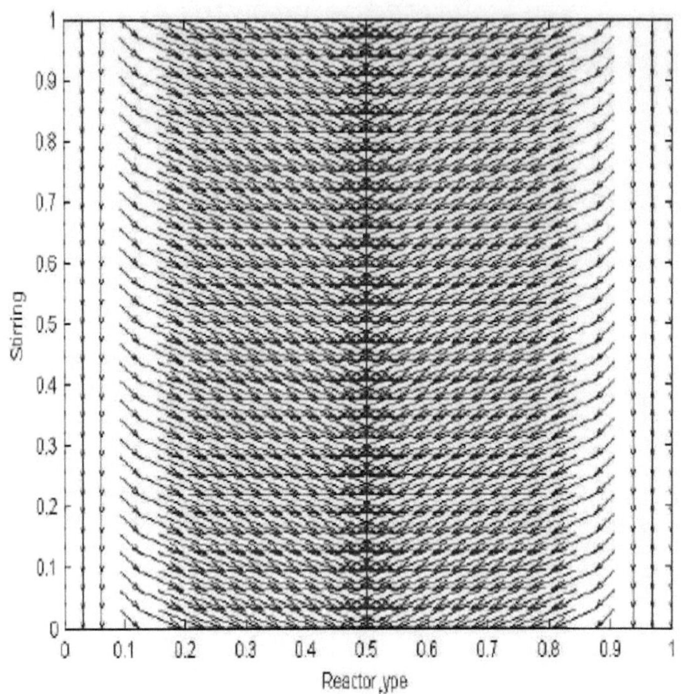

FIGURA 65: PERFIS DE EXPRESSÕES VECTORIAIS EFEITOS DA AGITAÇÃO NA FORMAÇÃO DE ESPUMA COM O TIPO DE REACTOR, RÁPIDO/ALTO

FORMAÇÃO DE ESPUMA E FLUXO DE GÁS

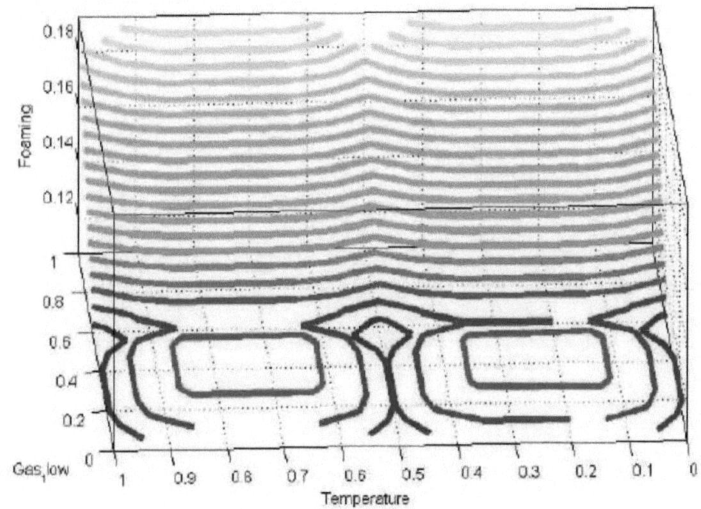

FIGURA 66: CONTORNOS DE ESPUMA COM O CAUDAL E A TEMPERATURA DO GÁS

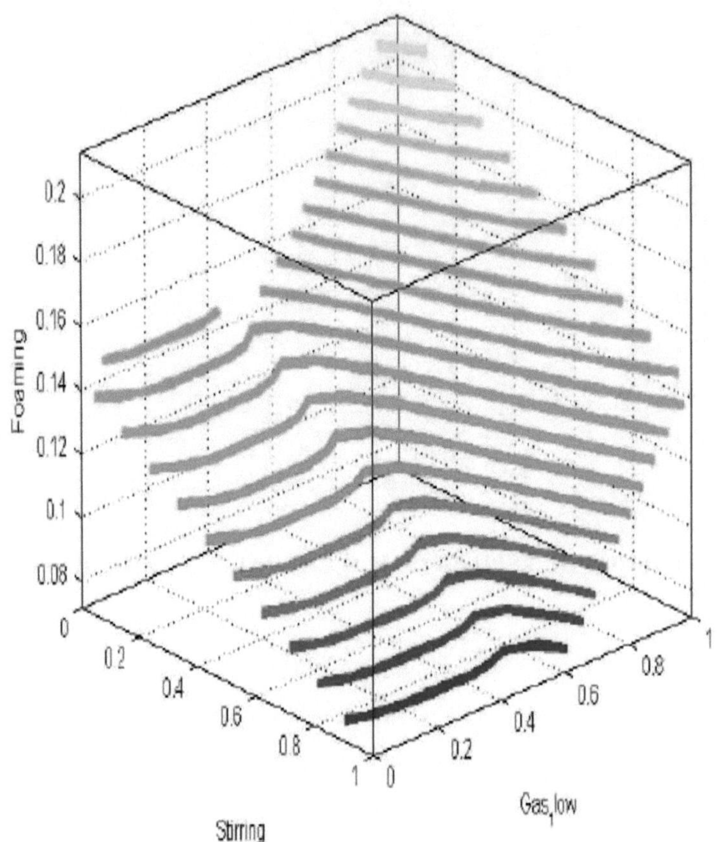

FIGURA 67: EFEITOS DA AGITAÇÃO NA FORMAÇÃO DE ESPUMA COM CAUDAL DE GÁS

MODELOS DE INTERFACE FUZZY MAMDANI

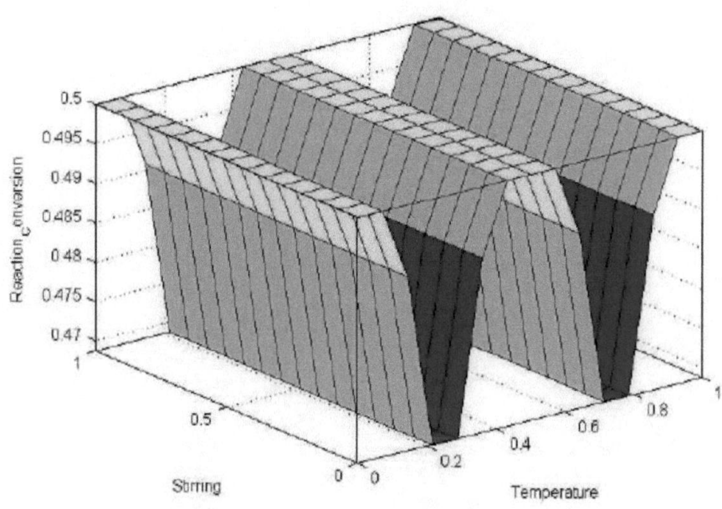

FIGURA 68: MOSTRA A SUPERFÍCIE PRONTA PARA A CONVERSÃO DA REACÇÃO NA CAIXA. OS EFEITOS DE AGITAÇÃO SÃO DESENHADOS COM A TEMPERATURA. FUZZIFICAÇÃO DO TIPO MAMDANI COM DEFUZZIFICAÇÃO DO CENTRÓIDE DO MÉTODO MIN E DO MÉTODO MAX. A IMPLICAÇÃO E A AGREGAÇÃO SÃO REALIZADAS DURANTE AS SIMULAÇÕES DE DEFUZZIFICAÇÃO PELOS MÉTODOS MIN E MAX. NOS DEZ POR CENTO INICIAIS DO TEMPO DE REACÇÃO, OS EFEITOS DE AGITAÇÃO ESTÃO A MUDAR.

As duas figuras seguintes mostram um modelo de interface mamdani de formação, teste e intervalo. A primeira figura mostra o modelo de interface fuzzy para testar a saída de um sistema de interface fuzzy de formação e intervalo de tempo. A segunda figura mostra o sistema de atualização da formação e do ensaio. O modelo de interface difusa de formação e intervalo de tempo para testar a saída de um sistema de interface difusa em desenvolvimento é apresentado.

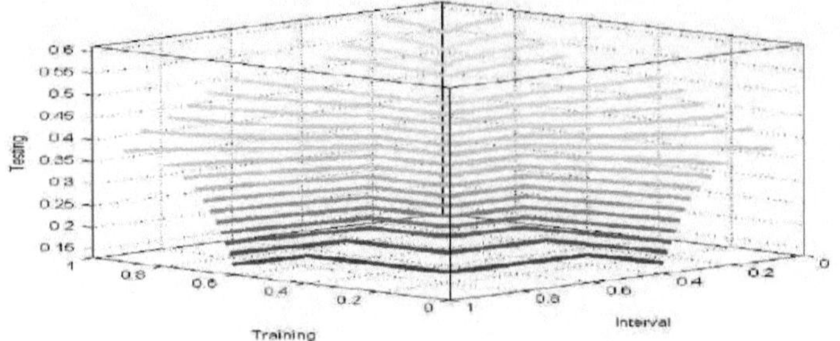
Testing
0.6
0.55
0.5
0.45
0.4
0.35
0.3
0.25
0.2
0.15
Training
Interval

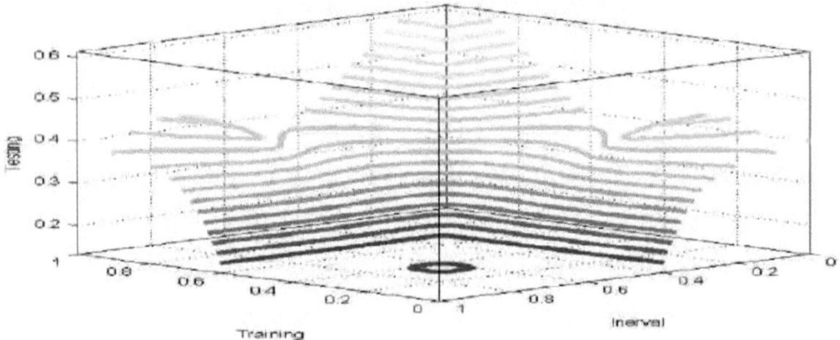
Testing
0.6
0.5
0.4
0.3
0.2
Training
Inerval

Printed by Books on Demand GmbH, Norderstedt / Germany